四特 教育系列丛书 SITEJIAOYUXILECONGSHU

U0595275

与学生谈自我防护

萧枫　姜忠喆◎主编

特约主编：　庄文中　　龚　玲

主　　编：　萧　枫　　姜忠喆

编　　委：　孟迎红　　郑晶华　　李　菁　　王晶晶　　金　燕

　　　　　　刘立伟　　李大宇　　赵志艳　　王　冲

　　　　　　王锦华　　王淑萍　　朱丽娟　　刘　爽

　　　　　　陈元慧　　王　平　　张丽红　　张　锐

　　　　　　侯秋燕　　齐淑华　　韩俊范　　冯健男

　　　　　　张顺利　　吴　姗　　穆洪泽

　　　　　　左玉河　　李书源　　李长胜　　温　超

　　　　　　范淑清　　任　伟　　张寄忠　　高亚南

　　　　　　王钱理　　李　彤

"四特"
教育系列丛书

吉林出版集团有限责任公司

图书在版编目（CIP）数据

与学生谈自我防护／《"四特"教育系列丛书》编委
会编著．－－长春：吉林出版集团有限责任公司，2013.1
（"四特"教育系列丛书）

ISBN 978－7－5534－1036－4

I.①与… Ⅱ.①四… Ⅲ.①自我保护－青年读物②
自我保护－少年读物 Ⅳ.①X956－49

中国版本图书馆 CIP 数据核字（2012）第 279776 号

与学生谈自我防护

出 版 人	孙建军
责任编辑	孟迎红　张西琳
责任校对	赵　霞
开　　本	690mm × 960mm 1/16
字　　数	250 千字
印　　张	13
版　　次	2013 年 1 月第 1 版
印　　次	2018 年 2 月第 1 版第 2 次印刷
出　　版	吉林出版集团有限责任公司
发　　行	吉林音像出版社
	吉林北方卡通漫画有限责任公司
地　　址	长春市泰来街 1825 号
	邮　编：130062
电　　话	总编办：0431－86012906
	发行科：0431－86012770
印　　刷	北京龙跃印务有限公司

ISBN　978－7－5534－1036－4　　　定价：39.80 元

前　言

　　学校教育是个人一生中所受教育最重要组成部分,个人在学校里接受计划性的指导,系统地学习文化知识、社会规范、道德准则和价值观念。学校教育从某种意义上讲,决定着个人社会化的水平和性质,是个体社会化的重要基地。知识经济时代要求社会尊师重教,学校教育越来越受重视,在社会中起到举足轻重的作用。

　　"四特教育系列丛书"以"特定对象、特别对待、特殊方法、特例分析"为宗旨,立足学校教育与管理,理论结合实践,集多位教育界专家、学者以及一线校长、老师们的教育成果与经验于一体,围绕困扰学校、领导、教师、学生的教育难题,集思广益,多方借鉴,力求全面彻底解决。

　　本辑为"四特教育系列丛书"之《与学生谈生命与青春期教育》。

　　生命教育是一切教育的前提,同时还是教育的最高追求。因此,生命教育应该成为指向人的终极关怀的重要教育理念,它是在充分考察人的生命本质的基础上提出来的,符合人性要求,是一种全面关照生命多层次的人本教育。生命教育不仅只是教会青少年珍爱生命,更要启发青少年完整理解生命的意义,积极创造生命的价值;生命教育不仅只是告诉青少年关注自身生命,更要帮助青少年关注、尊重、热爱他人的生命;生命教育不仅只是惠泽人类的教育,还应该让青少年明白让生命的其它物种和谐地同在一片蓝天下;生命教育不仅只是关心今日生命之享用,还应该关怀明日生命之发展。

　　同时,广大青少年学生正处在身心发展的重要时期,随着生理、心理的发育和发展、社会阅历的扩展及思维方式的变化,特别是面对社会的压力,他们在学习、生活、人际交往和自我意识等方面,都会遇到各种各样的心理困惑或问题。因此,对学生进行青春期健康教育,是学生健康成长的需要,也是推进素质教育的必然要求。青春期教育主要包括性知识教育、性心理教育、健康情感教育、健康心理教育、摆脱青春期烦恼教育、健康成长教育、正确处世教育、理想信念教育、坚强意志教育、人生观教育等内容,具有很强的系统性、实用性、知识性和指导性。

　　本辑共20分册,具体内容如下:

　　1.《与学生谈自我教育》

　　自我教育作为学校德育的一种方法,要求教育者按照受教育者的身心发展阶段予以适当的指导,充分发挥他们提高思想品德的自觉性、积极性,使他们能把教育者的要求,变为自己努力的目标。要帮助受教育者树立明确的是非观念,善于区别真伪、善恶和美丑,鼓励他们追求真、善、美,反对假、恶、丑。要培养受教育者自我认识、自我监督和自我评价的能力,善于肯定并坚持自己正确的思想言行,勇于否定并改正自己错误的思想言行。要指导受教育者学会运用批评和自我批评这种自我教育的方法。

　　2.《与学生谈他人教育》

　　21世纪的教育将以学会"关心"为根本宗旨和主要内容。一般认为,"关心"包括关心自己、关心他人、关心社会和关心学习等方面。"关心他人"无疑是"关心"教育的最为重要的方面之一。学会关心他人既是继承我国优良传统的基础工程,也是当前社会主义精神文明建设的基础工程,是社会公德、职业道德的主要内容。许多革命伟人,许多英雄模范,他们之所以有高尚境界,其道德基础就在于"关心他人"。本书就学生的生命与他人教育问题进行了系统而深入的分析和探讨。

3.《与学生谈自然教育》

自然教育是解决如何按照天性培养孩子,如何释放孩子潜在能量,如何在适龄阶段培养孩子的自立、自强、自信、自理等综合素养的均衡发展的完整方案,解决儿童培养过程中的所有个性化问题,培养面向一生的优质生存能力、培养生活的强者。自然教育着重品格、品行、习惯的培养;提倡天性本能的释放;强调真实、孝顺、感恩;注重生活自理习惯和非正式环境下抓取性学习习惯的培养。

4.《与学生谈社会教育》

现代社会教育是学校教育的重要补充。不同社会制度的国家或政权,实施不同性质的社会教育。现代学校教育同社会发展息息相关,青少年一代的成长也迫切需要社会教育密切配合。社会要求青少年扩大社会交往,充分发展其兴趣、爱好和个性,广泛培养其特殊才能,因此,社会教育对广大青少年的成长来说,也其有了极其重要的意义。本书就学生的生命与社会教育问题进行了系统而深入的分析和探讨。

5.《与学生谈创造教育》

我们中小学实施的应是广义的创造教育,是指根据创造学的基本原理,以培养人的创新意识、创新精神、创造个性、创造能力为目标,有机结合哲学、教育学、心理学、人才学、生理学、未来学、行为科学等有关学科,全面深入地开发学生潜在创造力,培养创造型人才的一种新型教育。其主要特点有:突出创造性思维,以培养学生的创造性思维能力为重点;注重个性发展,让学生的禀赋、优势和特长得到充分发展,以激发其创造潜能;注意启发诱导,激励学生主动思考和分析问题;重视非智力因素,培养学生良好的创新心理素质;强调实践训练,全面锻炼创新能力。本书就学生的生命与创造教育问题进行了系统而深入的分析和探讨。

6.《与学生谈非智力培养》

非智力因素包含:注意力、自信心、责任心、抗挫折能力、快乐性格、探索精神、好奇心、创造力、主动思索、合作精神、自我认知……本书就学生的非智力因素培养问题进行了系统而深入的分析和探讨,并提出了解决这一问题的新思路、可供实际操作的新方案,内容翔实,个案丰富,对中小学生、教师及家长均有启发意义。本书体例科学,内容生动活泼,语言简洁明快,针对性强,具有很强的系统性、实用性、实践性和指导性。

7.《与学生谈智力培养》

教师在教学辅导中对孩子智力技能形成的培养,应考虑智力技能形成的阶段,采取多种教学措施有意识地进行。本书就学生的智力培养教育问题进行了系统而深入的分析和探讨,并提出了解决这一问题的新思路、可供实际操作的新方案,内容翔实,个案丰富,对中小学生、教师及家长均有启发意义。本书体例科学,内容生动活泼,语言简洁明快,针对性强,具有很强的系统性、实用性、实践性和指导性。

8.《与学生谈能力培养》

真正的学习是培养自己在没有路牌的地方也能走路的能力。能力到底包括哪些内容?怎样培养这些能力呢?本书就学生的能力培养问题进行了系统而深入的分析和探讨,并提出了解决这一问题的新思路、可供实际操作的新方案,内容翔实,个案丰富,对中小学生、教师及家长均有启发意义。本书体例科学,内容生动活泼,语言简洁明快,针对性强,具有很强的系统性、实用性、实践性和指导性。

9.《与学生谈心理锻炼》

心理素质训练在提升人格、磨练意志、增强责任感和团队精神等方面有着特殊的功效,作为对大中专学生的一种辅助教育方法,不仅能够丰富教学内容,改革教学模式,而且能使大学生获得良好的体能训练和心理教育,增强他们的社会适应能力,提高他们毕业之后走上工作岗位的竞争力。本书就学生的心理锻炼问题进行了系统而深入的分析和探讨。

10.《与学生谈适应锻炼》

适应能力和方方面面的关系很密切,我认为主要有以下几个方面:社会环境、个人经历、身体状况、年龄性格、心态。其中最重要是心态,不管遇到什么事情,都要尽可能的保持乐观的态度从容的心态。适应新环境、适应新工作、适应新邻居、适应突发事件的打击、适应高速的生活节奏、适应周边的大悲大喜,等等,都需要我们用一种冷静的态度去看待周围的事物。本书就学生的社会适应性锻炼教育问题进行了系统而深入的分析和探讨。

11.《与学生谈安全教育》

采取广义的解释,将学校师生员工所发生事故之处,全部涵盖在校园区域内才是,如此我们在探讨校园安全问题时,其触角可能会更深、更远、更广、更周详。

12.《与学生谈自我防护》

防骗防盗防暴与防身自卫、预防黄赌毒侵害等内容,生动有趣,具有很强的系统性和实用性,是各级学校用以指导广大中小学生进行安全知识教育的良好读本,也是各级图书馆收藏的最佳版本。

13.《与学生谈青春期情感》

青春期是花的季节,在这一阶段,第二性征渐渐发育,性意识也慢慢成熟。此时,情绪较为敏感,易冲动,对异性充满了好奇与向往,当然也会伴随着出现许多情感的困惑,如初恋的兴奋、失恋的沮丧、单恋的烦恼等等。中学生由于尚处于发育过程中,思想、情感极不稳定,往往无法控制自己的情绪,考虑问题也缺乏理性,常常会造成各种错误,因此人们习惯于将这一时期称作"危险期"。本书就学生的青春期情感教育问题进行了系统而深入的分析和探讨。

14.《与学生谈青春期心理》

青春期是人的一生中心理发展最活跃的阶段,也是容易产生心理问题的重要阶段,因此要关注心理健康。本书就学生的青春期心理教育问题进行了系统而深入的分析和探讨,并提出了解决这一问题的新思路、可供实际操作的新方案,内容翔实,个案丰富,对中小学生、教师及家长均有启发意义。本书体例科学,内容生动活泼,语言简洁明快,针对性强,具有很强的系统性、实用性、实践性和指导性。

15.《与学生谈青春期健康》

青春期常见疾病有,乳房发育不良,遗精异常,痤疮,青春期痤疮,神经性厌食症,青春期高血压,青春期甲状腺肿大,甲型肝炎等。用注意及时预防以及注意膳食平衡和营养合理。本书就学生的青春期健康教育问题进行了系统而深入的分析和探讨,并提出了解决这一问题的新思路、可供实际操作的新方案,内容翔实,个案丰富,对中小学生、教师及家长均有启发意义。本书体例科学,内容生动活泼,语言简洁明快,针对性强,具有很强的系统性、实用性、实践性和指导性。

16.《与学生谈青春期烦恼》

青少年产生烦恼的生理原因是什么?青少年的烦恼有哪些?消除青春期烦恼的科学方法有哪些?本书就学生如何摆脱青春期烦恼问题进行了系统而深入的分析和探讨,并提出了解决这一问题的新思路、可供实际操作的新方案,内容翔实,个案丰富,对中小学生、教师及家长均有启发意义。本书体例科学,内容生动活泼,语言简洁明快,针对性强,具有很强的系统性、实用性、实践性和指导性。

17.《与学生谈成长》

成长教育的概念,从目的和方向上讲,应该是培育身心健康的、适合社会生活的、能够自食其力的、家庭和睦的、追求幸福生活的人;从内容上讲,主要是素质及智慧的开发和培育。人的内涵最根本的是思想,包括思想的内容、水平、能力等;外显的是言行、气质等。本书就学生的健康成长问题进行了系统而深入的分析和探讨,并提出了解决这一问题的新思路、可供实际操作的新方案,内容翔实,个案丰富,对中小学生、教师及家长均有启发意义。

18.《与学生谈处世》

处世是人生的必修课,从小要教给孩子处世的技巧,让孩子学会处世的智慧,这对他们的成长至关重要。本书从如何做事、如何交往、如何生活、如何与人沟通、如何处理自己的消极情绪等十个方面着手,力图把处世的智慧教给孩子,让孩子学会正确处理复杂的人际关系。本书体例科学,内容生动活泼,语言简洁明快,针对性强,具有很强的系统性、实用性、实践性和指导性。

19.《与学生谈理想》

教育是一项育人的事业,人是需要用理想来引导的。教育是一项百年大计,大计是需要用理想来坚持的。教育是一项崇高的事业,崇高是需要用理想来奠实的。学校没有理想,只会急功近利,目光短浅,不能真正为学生终身发展奠基;教师没有理想,只会自怨自艾,早生倦怠,不会把教育当作终身的事业来对待。学生没有理想,就没有美好的未来。本书就学生的理想信念问题进行了系统而深入的分析和探讨,并提出了解决这一问题的新思路、可供实际操作的新方案,内容翔实,个案丰富,对中小学生、教师及家长均有启发意义。

20.《与学生谈人生》

人生观是对人生的目的、意义和道路的根本看法和态度。内容包括幸福观、苦乐观、生死观、荣辱观、恋爱观等。它是世界观的一个重要组成部分,受到世界观的制约。本书就学生如何树立正确的人生观问题进行了系统而深入的分析和探讨,并提出了解决这一问题的新思路、可供实际操作的新方案,内容翔实,个案丰富,对中小学生、教师及家长均有启发意义。本书体例科学,内容生动活泼,语言简洁明快,针对性强,具有很强的系统性、实用性、实践性和指导性。

由于时间、经验的关系,本书在编写等方面,必定存在不足和错误之处,衷心希望各界读者、一线教师及教育界人士批评指正。

编者

目　录

第一章

认识"黄赌毒"的基本常识

"黄毒"的认识

　　"黄毒"是特指某些淫秽、低级下流的东西，比如"黄色"书刊；"黄色"录像、录音带、光盘、唱片；"黄色"歌曲、照片、扑克等。这些东西，对人特别是青少年的思想有极大的腐蚀性。

　　淫秽物品对感官具有强烈的刺激性，对青少年的危害性特别大。有的青少年因为自身是非观点不强、法制观念淡薄，在接触"黄毒"的时候，出于好奇模仿而逐步误入歧途，做出违法行为，坠入犯罪的深渊。

　　某中学初三年级学生徐某，由于受"黄毒"的影响，从一名好学上进的"三好学生"沦落为可耻的强奸犯。

　　另一学生廖某，看了黄色书刊、录像，受里面下流行为的诱惑，终日想入非非，无心学习。为了满足自己的兽欲，竟跑到某医院调戏妇女7人，堕落为流氓罪犯。

　　为保护我国公民不受"黄毒"的侵害，《刑法》第三百六十四条明确规定：

"传播淫秽的书刊、影片、音像、图片或者其他淫秽物品，情节严重的，处二年以下有期徒刑、拘役或者管制。"

"组织播放淫秽的电影、录像等音像制品的，处三年以下有期徒刑、拘役或者管制，并处罚金；情节严重的，处三年以上有期徒刑，并处罚金。"

"制作、复制淫秽的电影、录像等音像制品，组织播放的，依照第二款的规定从重处罚。"

"向不满18周岁的未成年人传播淫秽物品的，从重处罚。"

"黄毒"严重影响人们的身心健康，诱发其他犯罪。青少年学生要自觉抵制"黄毒"。对黄色书刊、电影录像带等不买、不看、不听、不传；积极检举揭发传看黄色书刊和观看黄色录像等行为。

应当积极参加健康向上、丰富多彩的文化、体育、科技活动，陶冶高尚的道德情操，提高审美的能力，增强抵制"黄毒"的意识，保证自己身心的健康发展。

"黄毒"的特点

"黄毒"与色情文化

在各种社会文化环境因素中，对青少年性意识、性行为产生重要直接影响作用的主要有两大类：一是人的影响，如教师、父母、朋友和同学的影响；另一类便是传播媒介的影响。由于媒介传播在现代社会中的迅猛发展，其对青少年社会化的作用增长迅速，在某些方面甚至明显地超过现实生活中人的影响。

色情文化，是一个极其笼统的概念，它包括图书、报纸、杂志、书籍、画报、照片、电视、电影、电脑网络、VCD、DVD 影碟、电脑光碟、录像、户外广告招贴等各种形式传播的有关艺术、情欲、性暴露、性暴力以及性变态等表现形式。

媒介色情文化的新型表现形式

为了便于社会的监督与管理，我国在 1980 年对相关色情文化产品进行了相对的界定：

（1）淫秽物品：指具体电视片、幻灯片、照片、书籍、报刊、抄本、印有各类图照的玩具、用品，以及淫药、淫具。

（2）淫秽出版物：指在整体上宣扬淫秽行为，推动人们的性欲，足以导致普通人的腐化堕落，而又没有艺术价值或科学价值的出版物。

（3）色情出版物：指在整体上不是淫秽的，但在一部分中有淫秽内容，对普通人特别是未成年人的身心健康有害，而缺乏艺术价值或科学价值的出版物。

（4）20 世纪 90 年代中后期，随着大众媒介的飞速发展，媒介色情文化也开始出现更多的表现形式，而对青少年产生巨大影响力的主要包括以下形式：

①口袋书。所谓口袋书，是指 64 开或小 32 开版本的图书形式，因其大小适合放进口袋方便携带而得名。

早在 *20* 世纪 *50* 年代，法国就开始盛行口袋书形式的通俗小说，其后以此种形式的各类学习、娱乐内容的图书相继出现，并逐渐流行。

　　②黄色短信。随着手机的普遍使用，手机短信已成为信息交流的主要渠道。与此同时，各类不良手机短信也开始蔓延，尤其是黄色短信泛滥成灾。

　　从当前黄色短信的表现形式来看主要包括色情笑话、"性"事广告、名人"性"闻和淫秽图片四类。

　　黄色短信的泛滥，严重污染了短信环境，败坏了社会风尚，对广大公民尤其是青少年的身心健康造成很坏影响。

　　据某校统计，两成以上初中生，四成以上高中生发送、接收过手机短信，其中三成以上属于"黄段子"。不少学生收到这些信息后，还转发给同学取乐，有些人甚至把相互转发"黄段子"当作时尚。

　　青少年正在成长发育期，黄色不良信息的熏染，势必影响他们的身心健康和人格发展，这种状况令人担忧。

　　③网络色情文化。*20* 世纪 *90* 年代末，电脑网络逐渐进入我国大众生活，上网人数突飞猛进。*2005* 年底，我国上网人数已突破 *1* 亿。

互联网作为电子媒介的新兴代表急速发展，各类色情文化在缺乏有效监督管理的虚拟空间肆意传播。

2000年12月28日第九届全国人大常委会第十九次会议通过《关于维护互联网安全的决定》中明确：在互联网上建立淫秽网站、网页，提供淫秽站点链接服务，或者传播淫秽书刊、影片、音像、图片，依照刑法有关规定追究刑事责任。在互联网上犯传播淫秽物品罪有三种形式：

一是在互联网上建立淫秽网站、网页。所建立的网站、网页上主要内容为淫秽书刊、影片、音像、图片。

二是在互联网上提供淫秽站点链接服务。行为人自己建立的网站、网页虽不属淫秽网站、网页，但在其网站、网页上与淫秽网站、网页之间制作链接服务。

三是在互联网上传播淫秽书刊、影片、音像、图片。即在互联网上以制作、复制、刊载、发送邮件等形式散布淫秽书刊、影片、音像、图片。

"黄毒"的危害

"黄毒"在青少年性健康成长中，扮演了一个充满诱惑的"色魔"角色。2002年中国预防未成年人犯罪资料显示，我国每年大约有15万未成年人因有违法犯罪行为而遭公安机关查处，其中3万余人被法院审判构成犯罪而成为少年犯，仅北京每年就有1000多个，涉嫌性犯罪的未成年人几乎全部观看过淫秽影碟或访问过色情网站。

现在社会上表现暴力和淫秽影碟、书刊屡打不禁，学校的防范教育相对薄弱，凶杀、强奸、诈骗等恶性犯罪在未成年人中还会增加。

由于相当部分的青少年对黄毒的危害认识不清，缺乏防御和抵制的意识及能力，在追求感官刺激的过程中深受其害。

"黄毒"成瘾

从 1995 年 12 月 18 日《人民日报》头版刊登《一位母亲强烈呼吁扫黄打非不可手软》，反映一个普通家庭 16 岁的孩子经常旷课在家，沉迷于网络"黄毒"。

到 21 世纪的今天，各类媒体报道关于青少年沉溺色情深受其害的事件层出不穷。"黄毒"成瘾如今备受关注，跟吸毒、上网成瘾一样，青少年一旦被腐蚀，他们可以整天通过漫画、图书、电视、碟片、光盘、网络等大众媒介，废寝忘食地痴迷于色情文化，无法自拔，成为淫秽色情的牺牲品。"黄毒"成瘾的青少年可以把学习、功课、人际社交统统抛在脑后，甚至放弃现实生活。

性观念错误

大多的色情淫秽作品为了达到强烈的感官刺激，经常通过演绎一些病态甚至变态的性心理、性观念和性行为，以吸引诱惑受众，故意夸大和歪曲性对人的正常影响。

对于青少年来说，色情文化的诱惑力往往就是来源于对性的神秘感而引发的好奇心，加上青少年科学性健康教育的缺乏，青少年往往无法分辨色情文化中性表现的真善美假丑恶，一味地盲目吸收和效仿，进而形成了错误的性认知和性观念，使自身的性社会化出现偏差甚至逆向而驰。

反社会倾向

在色情文化的影响下，青少年一旦形成了不健康的性规范和错误的性行为模式，必然对他们今后的情感发展产生危害。不仅影响自身成人后的婚姻、性生活，也容易导致社会风气的败坏。此外，受色情文化诱惑的青少年，还往往容易出现性行为越轨，如出入色情场所、一夜情、性滥交，甚至从事色情和准色情行业（如青年女学生卖淫现象）。

更为严重的是，还容易由于性行为越轨而引发青少年犯罪等一系列反社会行为的发生，严重影响社会的稳定和青少年的健康成长。

从以上我们可以看出，大众媒介、媒介传播，尤其是色情文化的传播，对青少年产生着强大影响力。也正是由于这种影响力，才使得今天我们对以色情文化为核心的媒介不良文化，对社会成员，尤其是对青少年产生的令人"恐惧"的负面影响的研究和预防，我们必须马上加以重视和行动。

专家指出，当青少年进入青春期，性发育开始成熟，性意识开始出现，充满了对"性"的好奇、幻想和冲动的时候。在这个阶段，他们愿意谈一些性问题，开始关注异性，同时也很想知道性关系到底是什么。

但是目前由于社会、家庭、学校对性教育认识的不充分，孩子们对性知识的获取渠道不通畅，对性问题的辨别和认识能力不够，这促使他们利用别的途径获得信息。

现在很多青少年性犯罪的产生，跟网络色情文化的冲击是分不开的，色情文化对心理冲动起到一种恶性的催化作用。使得青少年的心理萌动、冲动被激活，无法自抑，最后发展到寻求生理发泄的对象，从而走上犯罪道路。

更令人忧虑的是，许多青少年热衷于网络色情活动，不仅仅是为了寻求刺激，填补空虚的精神世界，其背后隐藏的信仰缺失问题尤其值得深思。

手机黄毒的认识

现在，社会经济快速发展，科学技术日新月异。蓦然间，人们惊讶地发现：手机，这个现代通讯工具在带来迅速、准确、方便信息的同时，黄色短信、淫秽图片和淫秽游戏等也应运而生，如影随形，污染了人们的工作、生活空间，尤其是对青少年的成长造成了严重的负面影响。

过去，不良书籍、不良音像制品、不良电视节目是影响青少年身心健康成长的关键因素，现在可以说手机黄色短信、淫秽图片、淫秽游戏已经开始"篡位"，必须引起我们的高度重视。

青少年尤其是中小学生的可塑性很强，还处于世界观尚未形成、是非分辨不清的阶段，长期接触黄色污染，他们就会以为这些东西是正常的，不能正确看待两性关系，为自己的人生埋下祸患。

手机黄色短信、淫秽图片和淫秽游戏等"黄色污染"来自哪里？为什么屡禁不止，泛滥成灾？这些问题一句话就能回答，那就是因为它有市场，有暴利，有巨大的经济利益驱动。

目前，我国对手机短信和游戏的监管主要依赖于电信运营商，运营商主要是通过设置关键词的技术手段予以监督和过滤。于是，一些电信运营商、网站与一些金融机构结成了利益关系。

当前，运营商设置监控的关键词并不多，主要是依据本部门的要求设置，有的短信虽然可能会有不健康的内容，但如果不是个人用户重复发送百次以上或群发万条以上，都会被放行。

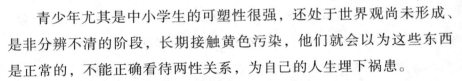

也就是说，运营商对手机短信过滤没有科学的标准，只能由他们自己掌握。控制严了，会影响一般客户，甚至被投诉；控制松了，黄色和垃圾短信泛滥，会造成重大影响。

手机短信、游戏为提供商和通信运营商都带来了巨额利润，他们都希望增加用户之间的转发率。所以，当有些内容提供商打"擦边球"，发一些淫秽内容订阅时，运营商经常是"睁一只眼，闭一只眼"。

由此可见，不良短信泛滥的背后，正是暴利链条在发挥着驱动器的作用。手机与网站成功"联姻"后，不但救活了一些缺乏效益的门户网站，也极大丰富了手机短信内容。然而，短信暴利也令一些商业网站和信息提供商渐渐丧失了社会责任感。

受利益驱使，许多门户网站纷纷延伸产业链，发展众多中小个人网站作为自己的短信联盟。

据业内人士介绍，顶峰时，许多大网站有上千个人网站加盟，有的甚至达到了数十万个。而在这些短信联盟中，有一些就是色情网站，他们提供色情文章、图片甚至一些淫秽电影的视频下载。

大网站通过这些短信联盟大范围地推广自己的短信服务，以此牟取暴利。还有很多网站专门设有"美女专区"。随意点击一个链接，屏幕上便出现了一些手机游戏的下载链接和图片。

"性感女孩"、"帮美女脱衣"、"美女脱衣服"、"美女更衣"、"美女的诱惑"等露骨的文字赫然呈现在眼前。点开链接，衣着暴露的美女扭捏作态，一些男女拥抱的图片更是不堪入目。不少网站标榜自己的手机游戏是"真正的成人游戏"。

然而，这些成人游戏的下载对未成年人没有任何限制。即使是付费的游戏，也只需输入手机号即可。反倒是"未成年人莫进"的警示字样更能够激起青少年的猎奇心理。

手机本无罪，管理是根本。手机黄色短信、淫秽图片、淫秽游戏等"黄色污染"在人民群众中产生了强烈的反响，引起了国家的高度重视。

治理"黄色污染"，营造文明健康的通信、网络文化环境，保护青少年健康成长，已经成为全社会共同的呼唤和广大家长的强烈要求。

手机黄毒的危害

手机上的黄色资源在彩屏手机普及的时候就已经开始显露了。从最初的"擦边球"比如脱衣麻将，声讯台的什么性启蒙、性教育，午夜都市话题之类，到如今的直接给出裸女图片、滥交视频等。对某些人来说，这块黄毒存活在管制的空白区，肥沃得很。

究其原因，一方面是有关部门对手机内容的监管制度还存在一定欠缺，管起来无法重拳出击究其根本；而另一方面运营商，守着自己的定位寸步不前。打个比喻说，就像是我提供的平台就是出租一间店铺，你是卖荤还是卖素我不过问，卖的钱我代收后扣掉房租就OK。

与传统的互联网不同，移动互联网上存在着大量独立手机WAP网站，这些网站独立运作，不需要与电信运营商签约就可以通过各种方式直接或间接地连入移动互联网内。

一些黄色WAP网站从技术上逃避监管，会设置IP地址访问权限，只允许手机用户访问，或只允许手机用户通过运营商互联网服务访问，电脑模拟器访问不到淫秽网站的实际内容。而我国现在主要依靠电脑模拟手机上网，来对 WAP 网站进行监管。

据不完全统计，除中国移动提供的"移动梦网"外，各种独立 WAP 网站站点的数量至少达 2 万家。这些独立 WAP 也称为免费 WAP，主要原因就在于其内容是完全免费的，流量成为其最有价值的资源，这为黄色网站的存在提供了温床。

移动互联网的不断发展，不管是中国移动还是其他企业，通过移动互联网进行相关业务推广的情况越来越多，因为没有相应监管机制，手机网络"黄毒"成为了一匹没有束缚的野马。

话说白了，手机"黄毒"泛滥，一个最实质的问题，还是一个钱的问题。不管是哪个行业哪种企业，只要它不愿承担社会责任和义务，忽视道德和法制，而只顾谋取经济利益，那它就一定会在市场经济的激烈竞争中采取不道德和非法的手段，去实现利益的最大化。

有人把淫秽黄色内容比作精神鸦片一点不过分。特别是一旦沾染黄色，孩子根本无法自控。在中小学校，男女生在校内外千方百计地扎在一起，有学生在学校大门口迫不及待地模仿成人行为，甚至走向犯罪道路。

目前，在一些大城市的中小学，学生使用手机非常普遍，有些班级甚至人手一机。因此，手机传播淫秽内容较电脑更普遍、更广泛、更难以控制；因此，必须严厉打击。因为它已经远远超出文化宣传的范畴，直接影响到人民群众的正常生活和社会的稳定，以及对未来无法估量的损失。

随着社会和科技地不断发展，人们的日常生活发生极大的变化，这无疑应该成为一件大好事。可伴随而来的，正是由于社会和科技的不断发展，给人们的生活平添了几多的烦恼，有些事情甚至发生质的变化。对于手机传播"黄毒"必须采取高科技手段严厉打击；同时，把"扫黄打非"制度化、常规化，用法律的手段严惩有关责任人，使他们不再敢铤而走险。

网络色情认识

当前互联网上淫秽色情违法犯罪活动已经成为一种新型的社会公害。网上淫秽色情违法犯罪活动呈现出四大突出特点：

形式多样，触目惊心

淫秽色情网站提供大量的淫秽色情图片、录像、电影、文字。有的还开办论坛，进行网上"性交流"、"性交易"；有的利用视频聊天室，组织赤裸裸的色情表演、"声音性交"、"视频性交"等。

教唆引诱，气焰嚣张

一些淫秽色情网站不仅给网民以感官刺激，而且教唆、引诱网民进行淫秽色情活动。有的提供色情交易联系渠道；有的公然在网上招嫖，组织、介绍卖淫嫖娟活动。

非法经营，牟取暴利

网上淫秽色情信息泛滥的主要原因是为了牟取暴利。一些不法分子伤天害理、赚黑钱，靠制贩、传播淫秽色情信息，大发不义之财。

危害严重，反映强烈

网上淫秽色情信息泛滥，严重污染网络环境，毒害人们思想，败坏社会风气。特别值得注意的是，我国网民 70% 是 30 岁以下的青少年。一些青少年由于长期沉湎于网上淫秽色情信息，有书不读，有学不上，荒废了青春，迷失了人生，有的甚至走上了违法犯罪的道路。对此，社会各界和广大人民群众痛心疾首，强烈要求清除这些网络"毒瘤"。

网络色情特点

近年来，随着宽带互联网、网络视听节目、博客和点对点网络等互联网新技术、新应用的发展，一些网上违法犯罪团伙利用视频聊天室组织网上淫秽色情表演，一些影视网站、点对点网络和博客下载、传播淫秽色情电影、动画和小说，一些网站大量发布不堪入目的黄色、低俗的图片、文字和视听信息。

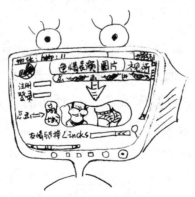

这些网络黄毒有如下特点。

隐蔽性

互联网互联互通、快速即时、匿名隐身、跨地区无国界等，注定了其具有很强的隐蔽性，不易被发现。

混乱性

少数虚拟空间出租单位只顾经济效益，疏于管理，有的放任层层转租，有的为淫秽色情网站经营者提供"捆绑"收费便利，给有害信息提供了网上传播的场所和渠道，使网上违法犯罪活动有了可乘之机。

管理松散性

现行法律法规对网络色情没有作出明确规定，对有关电子证据的法律效力问题，也没有相关法律予以明确，给惩处工作带来了难度。

色情碰上网络，就如干柴遇到烈火。据估计，目前全世界色情网站至少有 70 万个，而且还在以每天 200 至 300 个的速度增加。

面对这种全球性的治理难题，短时间的"运动式"整治虽然"见效"较快，但"疗效"却常常难以持久，甚至还会助长不法之徒"谁遇上，谁倒霉；没遇上，算赚了"等投机心态。

有资料证实，目前已有不少违法者学会了打"擦边球"。他们变着法儿与监管部门"捉迷藏"，"严打"一来，销声匿迹；"风头"一过，故技重演，甚至变本加厉。

根据这些特点，治理黄毒：

一是要大力推广针对网上淫秽色情信息的过滤软件，为遏制各类有害信息提供强有力的技术保障；

二是要强化法律意识，把净化网络环境的工作纳入法制化的轨道；

三是加强对网络信息服务提供商的资质审核，建立完善网站及网络服务商的备案制度、年检制度和不良行为记录制度；

四是发挥行业协会的作用，引导、督促各类网站和网络服务商自觉遵守行业自律公约；

五是在重点网站、论坛设立网上"报警岗亭"和"虚拟警察"，建立完善网上接受群众举报、求助，网下迅速处置工作机制。

网络裸聊的危害

顾名思义，"裸聊"就是赤裸着身体聊天，不过它是通过视频画面在网络这一虚拟环境下完成的。由于网络除了具有交流、交友等功能外，还可以把真实的面孔隐去，以"假面具"去大胆体验现实生活中体验不到的感觉，为了寻求刺激，不少人沉迷其中。

权威部门把裸聊归纳为三种形式：通过视频组织淫秽表演；通过视频相互进行淫秽表演及点对点式。有专家指出，由于裸聊具有隐蔽性、模糊性等特点，导致在法律惩戒上出现了真空点，直接影响到对这类犯罪的打击力度。

隐蔽性，公安机关难以侦查

裸聊网站为了逃避公安部门的打击，一般用户根本打不开。在网站页面上，上网者能看到的只有用户名和密码，没有任何注册信息，找不到可以进去的方式。

在和QQ上的一些人群聊之后你才会发现，这些网站的注册方式相当隐蔽，要熟人推荐才行。而且还要在网上银行支付了几百元的会员费后，才能进入这些神秘的网站。

进入网站后，会员要观看不同形式的淫秽视频演出，就要不断地通过网上银行用现金购买网站的点卡，再用点卡购买鲜花、汽车、钻戒、别墅等虚拟物品。而这样的表演，网站几乎每隔一两个小时就进行一场，每一场表演观看者可多达一两百人，甚至时常出现聊天室里观看者爆满的情况。

网站的淫秽视频表演者来自全国各地，有数百人，他们表演的场地大都在自己家中。这些人在表演时有一个共同点，就是都不露出脸部，即使有会员要求，他们也会找出种种托词予以拒绝。

据公安部公共信息网络安全监察局有关负责人介绍，"互联网开放、互动、传播面广、匿名性强，为不法分子实施犯罪行为提供了隐蔽的作案手段"。除了公安机关难以发现色情网站外，犯罪分子租用国外服务器来逃避监管，也是目前侦查网络犯罪的一个难点。

当前网上淫秽色情活动呈现出的一个新特点就是，违法犯罪分子纷纷把服务器建立在国外，实现境外经营境内盈利，这给侦查取证工作带来极大困难。当前，公安机关正在努力解决这一难题。

模糊性，司法机关不好定性

裸聊网站还常常打"擦边球"，让司法机关难以定性。进入此类网站，一般可以看见如下页面：

约会标题：一个漂亮 MM 在等你

约会性质：其他

约会发起人：小姐

希望响应者性别：男

希望响应者年龄：*25 岁至 55 岁*

约会描述：我想你是不会错过这个机会，快输入你的手机号

网上冲浪时，很容易遇到网站弹出这样关于交友、约会内容的介绍，画面通常是一张半裸的美女图。

这样的内容是否就属于网络淫秽色情？公安部公共信息网络安全监察部门指出，网络淫秽色情的一大特点是具有模糊性。从法律角度看，现行的法律法规对这种现象没有任何具体的制约措施，这谈不上是绝对的淫秽，只能算是"擦边球"。

当前，打"擦边球"现象普遍。一些网站大量发布内容低俗、格调低下的图片、文字和视听信息，以所谓的黄色新闻吸引网民，增加网站人气，影响十分恶劣。

有些图片和文字，你可以说它是"色情"，也可以说它是"性知识"，甚至是"人体艺术"。于是，网络色情以改头换面的方式冠冕堂皇地登在了一些大型网站上。

这些对未成年人来说有很大的危险性，然而法律却不能制裁这样的行为，无法阻止未成年人去接触这些不健康的东西。

法律关于淫秽的判断标准，并不像一般人想象得那么随意。刑法中规定了制作、贩卖、传播淫秽物品罪，其中关于淫秽物品的定义是：具体描绘性行为或者露骨宣扬色情的淫秽性的书刊、影片、录像带、录音带、图片及其他淫秽物品。

《互联网禁止传播淫秽、色情等不良信息自律规范》的规定为：整体上不是淫秽的，但其中一部分有淫秽的内容，对普通人特别是未成年人的身心健康有毒害，缺乏艺术价值和科学价值的文字、图片、音频、视频等信息内容。

这个标准是自律规范，不是法律，对"艺术价值和科学价值"的判断可操作性不强。

当前，打击淫秽色情网站要把握三项原则：根据互联网淫秽色情表现的新特点来打击犯罪；淫秽是一个相对的概念，不同的国家、不同的时代对什么是淫秽都有不同的标准；打击淫秽色情要严格依照刑法精神和规定来办理，把罪与非罪区别开来。

新类型，法律出现真空带

网络裸聊案件，暴露出我国惩治网络色情的法律存在缺陷。

由于裸聊是网络违法的一种新类型，我国在制定刑法时尚未出现。所以对这种行为能否定罪，定何罪尚不明确。裸聊既不具备传播淫秽物品罪构成要件，也不构成聚众淫乱罪。由于我国相关法律法规尚不健全，司法机关在办案时经常遭遇尴尬。

目前那种网上公共视频聊天室的裸聊，由于并没有严格的组织者，只是一群人到视频聊天室互相表演进行裸聊，从法律角度很难确定谁是组织者，而认定组织淫秽表演罪，从判刑角度来说，肯定是打击组织者。

对于点对点式的裸聊，法律上没有明确规定为违法。公安机关之所以抵制点对点的裸聊，是因为它们容易诱发其他的犯罪。比如一个人引诱对方和他裸聊，然后把裸聊的内容录下来进行敲诈，就可能构成犯罪。

针对网络淫秽犯罪，最高人民法院和最高人民检察院在相关司法解释中规定，以牟利为目的，利用互联网、移动通讯终端制作、复制、出版、贩卖、传播淫秽电子信息，实际被点击数达到一万次以上的；以会员制方式出版、贩卖、传播淫秽电子信息，注册会员达二百人以上的，应当定罪处罚。

然而，在司法实践中，注册会员的人数是难以确定的。因为无法证明某个会员是在该网站传播色情信息之前注册的，还是之后注册的，因此究竟应该如何界定会员人数、是否符合"注册会员达二百人以上"很难把握。

再者，"两高"的司法解释中所说的"实际被点击数"和"点击率"是有区别的。实际被点击数很难确定，检察机关要想有效地使用"点击率"作为指控证据，必须证明该"点击率"就是"实际被点击数"。

赌博的认识

赌博是指用财物作注比输赢。赌博是一种丑恶的社会现象，一种违法犯罪行为。在现实生活中，有一些人沉醉赌博，甚至有人以赌博为职业。他们赌博的花样很多，有的用麻将、扑克、骰子、牌九赌，有的用抽彩、打桌球、猜号码、猜拳、斗鸡、电子游戏机赌。

赌博不仅危害社会秩序，影响生产、工作和学习，造成许多家庭不和，甚至倾家荡产，妻离子散，而且诱发其他犯罪。赢了钱的就大肆挥霍，腐化堕落；输了钱的想要返本，走上盗窃、抢劫、诈骗、贪污，甚至行凶杀人等违法犯罪的道路。

某中学初中男生陈某无心向学，经常与社会上的"烂仔"混在一起。一次赌博输了没有钱给，"烂仔"们逼他要钱。于是，他铤而走险，偷家中财物，偷同学钢笔，偷教师的录音机等去变卖，经学校老师的多次教育仍不悔改，最终因盗窃罪被判刑2年。

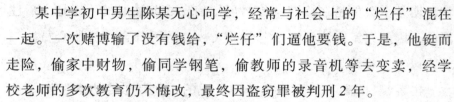

为维护社会秩序的稳定，保障广大家庭和睦幸福，保护青少年健康成长，我国法规规定，禁止赌博。《治安管理处罚条例》三十条

规定："赌博或者为赌博提供条件的，处 15 日以下拘留，可以单处或者并处 3000 元以下罚款；或者依照规定实行劳动教养；构成犯罪的，依法追究刑事责任。"

《刑法》第三百零三条规定："以营利为目的，聚众赌博、开设赌场或者以赌博为业的，处三年以下有期徒刑、拘役或者管制，并处罚金。"

中学阶段是青少年求学的黄金时期，应当将宝贵时间集中精力地用在学习上，积极参加健康有益的文娱活动，千万不要参加赌博，荒废学业，耽误了自己的前程。

赌博的心理

贪欲与冒险心理

在拜金主义思潮影响下，不少人急功近利，追求快速致富，占有财富的欲望恶性膨胀。当无法通过正当途径满足其欲望时，赌博这种冒险手段就成为他们通向发财之路的阶梯。

投机与侥幸心理

由于赌博的胜负是不规则的，带有极大的随机性和偶然性，迎合了人们以较少的投入获取较多的财富，甚至不劳而获的投机与侥幸取胜心理。赌博的输赢结果，对赌徒是一个强化刺激，使人失去自制力，欲罢不能，至死不悔。

娱乐和消遣心理

赌博丰富的内容和形式以及强烈的竞争性和独特的随机性，能满足人们不同层次、不同类型的心理需要。

或是为了放松身心，陶冶情操，娱性怡情；或取其热闹，在激烈的竞争中获得快感；或追求"寂静"，求得精神慰藉。然而发展的最终结果大都与娱乐和消遣心理相背离，达到不可收拾的程度。

寻求刺激心理

赌博可以使人们追求刺激的欲望得到满足。它给人带来物质和精神的双重刺激，这种金钱上和心理上的满足会强化赌徒们的赌博行为。

公关心理

在一些特殊环境和条件下，为使权钱交易顺利而安全地完成，交易双方精心安排并参与赌博。其间，求助者故意大把"输钱"，以便日后获得各种好处；被求助者轻松地大把"赢钱"后，便利用职权为求助者消灾免难、谋取私利。"输"家心甘情愿，"赢"家心安理得，权钱交易，大家心知肚明。

赌博文化心理

所谓赌博文化心理，是在赌博氛围下所产生的一种刺激、支配赌博行为的一种心理状态。赌博首先赋予赌徒一种宿命论的心理状态，即凡是输赢都是命中注定的。其次，赌博还赋予赌徒一种自我解嘲的心理状态，即输钱能够消灾避祸。再次，赌博使赌徒形成以赌博胜败论英雄的心理状态，驱使赌徒们在英雄观支配下赢了还想赢，输了想"翻本"，欲罢不能。赌徒们很快被这种文化心理所同化，发展到嗜赌如命的程度。

在涉赌人员中，数量最为庞大的自然是参赌人员。20世纪90年代以来，参赌人员在构成与分布上的特点主要包括广度和深度两个方面。

广度上，参赌人员的大众化、普及化、全方位化。参赌者已由一些地区的赌博高发人群，如个体户、无业人员向各行各业蔓延，甚至国家公职人员参与赌博。

深度上，出现了一批参赌"大户"，以巨额款项用于赌博，尤其是前往境外赌城豪赌，导致巨额资金外流。这类"深度"参赌人员主要包括两类：一是有赌博恶习的个体老板或私营企业主；另一类是贪污巨款的国家公职人员。

赌徒堕落的心理过程

第一步，"凑角儿"。所有赌徒最初对赌博大多表现出凑热闹式的围观，在观望中使自己的好奇心和寻求刺激的欲望得到满足。有的人在观战中随着对赌博规则的熟悉，加上对自己的能力和运气的自信，逐渐滋生出跃跃欲试，亲自体验的冲动。在别人的怂恿和"凑角儿"的召唤下，便半推半就地参与其中，走出了赌徒堕落的第一步。

虽然不一定所有走了第一步的人都会成为赌徒，但所有赌徒都是从第一步开始的。要避免成为赌徒，关键在于把握自己不开戒，不要有第一次经历。

第二步，贪财。赌博与钱和利是分不开的，大家都抱着想赢钱、多赢钱的心态参赌。一旦赌赢了，参赌者在贪婪欲望支配下收手的情况不多，多数是恋战，以致越赌劲越大。

调查表明，由初赌者为赢家变成赌徒的，是初赌者为输家的5倍以上。因此，黑社会聚赌头目，在吸引新人加入赌局时，有这么一句黑话："开甜!"意思是让其先赢几次，尝尝甜头瞅准机会拉下水。

第三步，翻本。参赌者如果赌输了，是决不会甘心的，在侥幸取胜心理的支配下，一意孤行地想翻本。翻本有两种结果，一是成功了。多数参赌者此时想"现在运气好，何不乘机大捞一把?"从而由翻本挽回损失变成贪财，想赢和想多赢；二是失败了。随着理智感和自控力再次被削弱，不顾一切地想继续翻本……如此恶性循环，走向深渊，难于自拔。

第四步，悔恨。当赌博给自己、家人带来莫大痛苦、伤害和羞辱时，当面临人们善意地规劝和有力地帮教时，有的参赌者也会表现出真诚的悔恨，责任感和良知得到一定程度地恢复，因而痛下决心戒赌。

社会和亲人要充分利用参赌者产生悔恨心理的有利时机，及时采取有效措施进行帮教和监督，促其改过自新。如果一味地采取简单粗暴的方法对待他们，他们将在绝望之余放纵自己，破罐破摔，加速堕落的步伐。赌瘾如同毒瘾一样，悔恨一次，如果再赌，则瘾更大，陷得更深。

第五步，疯狂。在赌瘾和贪婪欲望驱使下，参赌者理智丧失殆尽，自控力严重削弱，有的甚至人性全无，不顾一切地在赌场上搏杀，完全到了不能自拔、不可救药的境地。此时，靠单纯的教育、规劝、感化，甚至治安处罚是无法挽救的，对那些构成严重危害、屡教不改的赌徒，必须实施刑罚制裁。

赌博成瘾的心理分析

赌博成瘾，特别是心理成瘾，是赌徒堕落的重要原因。赌博的心理成瘾是指参赌者对赌博活动产生向往和追求的愿望，并产生反复从事赌博活动的强烈渴求心理和强迫性赌博行为。这种对赌博活动地渴求，既是一种强烈的内心活动，也是一种慢性病态，它强烈地驱使参赌者反复从事赌博活动，并对赌博产生强烈的渴求感。

特别是网络赌博更容易让赌徒沉迷其中，不在意自己的输赢。因为在网络上赌博，不必用现金交易，所有的输赢都是数字。一名

深陷网络赌博的赌徒交代，他已经对输赢没有感觉，"我甚至没有时间想到我正在赌钱。我要做的只是打开电脑，上网"。

赌博的心理成瘾的形成既有心理上的原因，也有生理上的原因。就心理原因来说，心理成瘾遵循"刺激——愉悦——愉悦强化——成瘾"模式。赌博本身是富有刺激性的，而赌博的胜负有很大的随机性和不确定性。

赌红了眼的赌徒，往往在赌桌上孤注一掷。一旦体验到赌博成功的愉悦后，便形成对这种愉悦的更强烈地期待，要求再一次得到满足，从而鬼使神差般地驱使赌徒重返赌场。这种对愉悦的期待和满足反复多次，不断得到强化，使参赌者生理上逐渐形成条件反射，形成心理性成瘾。

就生理原因来说，英国科学家格里菲斯博士实验研究发现，经常参赌的人和偶尔参赌的人都因赌博时的刺激而心跳加快，但赌博后，常赌的人心跳很快恢复正常；而偶尔参赌的人，其心跳却很长一段时间才恢复正常。

进一步研究表明，当他们心跳加快时，体内会产生一种被称为"内啡肽"的化学物质，正是这种化学物质使得参赌的人获得一种异常兴奋的快感。

格里菲斯认为："由于经常参加赌博的人在赌博结束后会迅速丧失这种快感，故需要重返赌台，以获得新的快感。"同时还发现，越临近赢牌，赌徒的思维能力越低，因为这时正是体内"内啡肽"分泌的高峰期。

这一研究成果使人们对赌博成瘾有了进一步认识，可以用来解释为什么有人容易成为赌徒，而有人却不容易受影响的现象。

赌博的特点

　　赌博是一种用财物作注争输赢的行为，是一种十分普通也十分常见的不良行为。虽然我国的刑法第三百零三条明文规定了"赌博罪"，禁止任何以营利为目的的赌博行为。但是，在青少年中，这种不良行为还是具有很高的发生率。

　　青少年的赌博行为与成年人的赌博行为在形式上很相似，但也有一些特点。青少年的赌博行为大体可分为几类。

按赌博地点分类

　　青少年进行赌博的地点分校园赌博和校外赌博。

　　校园赌博一般是在课间休息、中午休息、自习课等时间发生。还有些学生甚至在课堂上用隐蔽的方式进行，如递条子、打手势等。在一些管理不太严格、校风涣散的学校，学生校内赌博比较盛行。

校外赌博比校内赌博要严重得多。由于现在的社会环境比较复杂，青少年校外赌博往往会涉及一些赌博场所，在赌博的过程中会有成年人参加。在节假日、寒暑假，有较长的时间可能会发生赌博。

按参与成员的稳定性分类

青少年参与赌博活动可以分为结伙赌博、纠合赌博、补缺赌博三类。

（1）结伙赌博是指一些青少年结成非正式的群体，经常性地进行赌博活动。结伙赌博的参与者往往是由于某种共同的原因聚在一起，例如，居住地点比较集中、家庭背景相似、爱好相同等，有些是因为学习成绩都比较差。

（2）纠合赌博是指一些青少年临时纠集在一起进行赌博。参与赌博者之间一般没有什么特殊的关系，赌博活动也不是经常性的，而是由于某种原因、暗示或者周围人的怂恿而发生的。通常是一哄而起，然后一哄而散。

这种赌博在青少年中比较常见。青少年由于争强好胜的心理比较强烈，在许多事情上喜欢"占上风"。又由于社会经验少，情绪容易冲动，所以往往容易受到引诱和怂恿而进行赌博活动。

（3）补缺赌博是指别人在赌博过程中，因为缺少赌友，让青少年来"补缺"的赌博现象。青少年参加这种赌博活动，最初可能是被动的，内心也是不情愿的，但是如果多次被迫参与并且学会了赌博的方法，就有可能形成"赌瘾"，成为参加赌博活动的"常客"。

按赌注的形式分类

青少年赌博行为可分为实物赌博、现金赌博和混合赌博三类。

混合赌博是指使用现金、实物、劳动等作为赌注进行的赌博行为。在许多情况下，青少年进行赌博时，往往使用多种赌注。例如，一些青少年先用实物进行赌博，在赌博兴趣加剧时，往往觉得实物赌注不过瘾，就会改为用现金作赌注。

还有一些青少年会用一定形式的劳动作为赌注进行赌博，最常见的劳动是赌输的一方为赌赢者做作业，打扫卫生等。

网络赌博认识

网络赌博是指以利用或部分利用网络的手段进行下注或购彩的行为。从犯罪学上分类，它属于网络环境下的传统犯罪。网上赌博吸引人们参加的原因之一是它有极强的可行性和匿名性，赌博网站24小时开放。现在，在线赌博已成为一种社会问题。

在网上你只需要有一张信用卡，就可以24小时在家中赌个昏天

黑地了。网上赌博最令人忧虑的是它对青少年的影响，因为你可以禁止未成年的人进入赌场，却无法禁止未成年的人进入赌博网站，他们可以用父母的信用卡号码登记，便可进行赌博。

哈佛大学于 1997 年进行的一项调查结果显示，网上赌博参与者竟是年轻人居多，在大学生中尤其流行，占了网上赌客一个不小的比例。

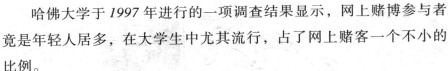

美国全国学生人事管理人员协会曾在阿默斯特市的麻省大学进行的一项调查结果十分惊人：接受调查的近半数学生在过去一个月内曾在网上赌博，1/4 的学生怀疑身边的同学已患上了赌瘾。

而在国内，虽然目前这种现象还不多，但学生上网赌博的事情仍时有所闻。

不久前就曾有报道称广东省韶关市翁源县城多家网吧非法经营，甚至开设面向学生的赌场，令一些学生沉湎其中，甚至输光上学费用。

目前，从如角子机或十三张那样的赌场式赌博，到赌全国足球联赛、足球世界杯赛事和职业高尔夫赛的赛果，甚至赌萨达姆会不会被外星人带走，互联网上的赌业已成了一门大生意，而且正越做越大。

赌业在网上为何会如此兴旺？据知情人透露：建立一个赌博网站投入不多，而且即使是不甚精明的经营者也会在一年中收回成本。"互动赌博新闻"的出版商休·施耐德指出，目前全球40多个地区，包括大多数的逃税区都允许网上赌博。

请出示您的许可手续……

对于赌博参与者而言，网上赌博更具冒险性，因为不知道成败的概率。不过也存在着很大的风险，有人曾在赌赢要收钱的时候发现网站突然关闭，损失了 7000 美元。

一些批评家把网上赌博比作是毒品。加勒比海地区大约一半的赌博都是美国人参与的。政客们担心，网站正引诱大学生参与赌博。网上赌博提供了一种更为快捷的消磨金钱的方式。他们还认为，这些赌场亦是洗钱者的天堂。

网络赌博特点

网络赌博形式包罗万象，从角子机 13 张、21 点等赌场式赌博到赌足球联赛、职业高尔夫赛的比赛结果，甚至好莱坞影片票房上座率都可以成为网络赌博的形式。

与传统赌博一样，网络赌客在意识到赌博可能失去财物的情况

下仍将一定的财物进行投注，其行为具有自愿性，结果具有偶然性，赌博的标的具有财产性。另一方面，由于网络的高科技性、虚拟性，网络赌博体现出与传统赌博犯罪不同特征：

成本低、人数多

相对于传统有赌具、有设施的物理赌博，网络赌博的成本更低，只需要开办网站，架设服务器就可以进行。从"庄家"、"赌头"角度分析，这种投入显然要比盖赌场、购置各种设备经济，而且营利丰厚。而网络的开放性从理论上讲，全世界上网的人群均能通过犯罪分子开设的网站参与赌博，这样聚集的赌客范围将大大扩张。

互动性强、隐蔽性高

从赌客的角度分析，参赌者通过信用卡在互联网上下注结算并通过金融账户自动转账，无需携带现金。通过网络跨地区、跨省、甚至跨境联系其他赌客等，无疑使网络赌博具有更强互动性。而网络发展形成了一个虚拟的电磁空间，既消除了国境线，也打破了社会和物理空间界限。在这个虚拟空间里对所有事物的描述都仅仅是一堆冷冰冰的数据，这些数据只要轻敲一下键盘即可以全部删除，不留一点物理痕迹，从而具有更高隐蔽性。

影响广，危害性大

网络犯罪社会危害性的大小，取决于计算机普及应用的程度和社会资产计算机网络化的程度。随着互联网在中国的迅速发展，我国目前网民总数居全球第二，境内外赌博集团纷纷瞄上中国"市场"。

在互联网上，面向中文用户的网络赌场也越来越多。各种网络赌博的光盘也不断涌入中国境内，而境内参与赌博的人数及涉赌的资金也越来越多，严重影响了地方经济发展和社会秩序稳定。

难以监控

许多赌博网站将服务器合法地架设在法律允许赌博的国家。这些网站不触犯所在地国家的法律，即使触犯了我国的法律，服务器所在国既无法处理，也无法提供司法协助。

而社会原有的监控管理和司法系统中的人员往往对高新技术不熟悉，对高新技术犯罪没有足够的技术力量来对付它们，专职办案部门的素质和综合性业务知识远不能适应赌博高科技化的现实，对利用网络查处赌博的专业知识极为欠缺。

赌博的危害

赌博这一毒瘤，如今已蔓延到了中小学生的身上，导致中小学生的行为难以规范。一部分中学生利用课余或节假日成群地在家里、公园、台球室、茶楼、放学途中等场所大模大样地用扑克、麻将牌、台球进行赌博，因赌博而引发的抢劫斗殴事件也时有发生。

学习成绩下降

大量事例证明，参与赌博的青少年都会有不同程度的学习成绩的下降，而且陷入赌博活动的程度越深，学习成绩下降得就越严重。

影响身体健康

另外，由于赌博活动的结果与金钱、财物的得失密切相关，所以迫使参与者要全力以赴，精神高度紧张，精力消耗大。经常参与赌博活动会诱发严重的失眠、精神衰弱、记忆力下降等症状。

影响心理健康

同时，还会严重损害心理健康，造成心理素质下降，道德品质也会下降，社会责任感、耻辱感、自尊心都会受到严重削弱。

导致犯罪

再有，赌博会使青少年把人们之间的关系看成赤裸裸的金钱关系，逐渐成为自私自利、注重金钱、见利忘义的人。更严重的还会导致违法犯罪。现实生活中有许多青少年因为赌博而最后走上暴力和偷盗等犯罪道路。

中小学阶段正是学生长身体、长知识和世界观形成的黄金时期，倘若这一时期教育不好，染上赌博恶习，必将贻误终生。赌博是健康的大敌，赌博成瘾对个人的身心健康影响极大。

经常参赌之人，喜怒哀乐变化无常。因求赢心切，或输了又想捞回来，常提心吊胆，心绪不宁；因债台高筑，故烦恼、愤怒；因一夜之间突发横财，又兴奋激动、狂喜等，各种情绪往往交织在一起。长期处在紧张激动的情绪状态之中，会导致心理、生理上的许多疾病。

学生参赌必须占用大量时间，并造成经济损失，严重时会耗尽家庭财产，给家庭背上沉重的债务。也严重地影响自己的学业。赌博又是导致社会不安定的重要因素，而且常常与犯罪联系在一起，从而破坏社会秩序，影响社会治安。

因此，全社会都关注要关注学生赌博这一现象，对此应引起足够的重视。各级学校对学生应加强道德规范和法制教育，讲明赌博的害处；应把不准学生参加赌博作为一条纪律，明文写到守则中去，凡是违犯这一条者，视情节轻重，分别给予纪律处分直至开除他们的校籍，情节特别严重者送公安机关处罚。更要充分发挥家庭和社会的监督作用。

家长要以身作则，从自身开始戒赌。城镇的街道办事处和社区居委会，应不准居民在家里从事任何形式的赌博或变相赌博活动，为子女带个好头。

并且发挥社区的老干部、党员的模范带头作用，号召他们教育自己的子女不参加赌博。还可以将无家庭成员参加赌博，作为评选五好家庭的条件之一；农村的村委会、村民小组更要担当起这一重任，让村民懂得不允许别人的孩子赌博就是关爱自己的孩子的道理。

广大中学生更要遵纪守法，从小不沾赌，做文明的小公民。全民动手，对赌博行为进行整治，净化社会环境，保障孩子们有一个良好的学习环境。

毒品的认识

毒品是人类的公敌、全球的公害，它严重威胁人类的健康和社会的安宁。近几年来，在我国已绝迹 30 多年的吸毒现象，又在国际毒潮泛滥的影响下沉渣泛起。吸毒人数在迅速增多。在吸毒者中，80% 以上是青少年。

　　毒品正猖狂危害着我们的社会，危害着我们的青少年。禁绝毒品，扫除毒害，关系着人民群众身心健康，社会主义物质文明和精神文明建设顺利进行，关系着中华民族兴旺发达的重大问题。

　　毒品是指鸦片、海洛因、甲基苯丙胺（冰毒）、吗啡、大麻、可卡因以及国家规定管制的其他能够使人形成瘾癖的麻醉品和精神品。

危险的好奇心和无知心理的诱导

　　青少年思想激进，少有保守思想，对于未知的事物有强烈的好奇心和探索欲望，一旦把握不好，很容易失足。据深圳戒毒所统计，1991 年至 1995 年收戒的 3006 人中，因好奇心而染上毒瘾的占 70%。

　　一家报纸的调查显示，竟然有 73% 的中学生表示："如果有机会，愿意尝尝毒品。"

　　好奇心的强弱程度是与外界环境的刺激相关的。越是政府明令禁止的，越是能引起青少年的好奇心。毒品买卖活动一般都是在秘密状态下进行的，即使看到，也多是电视、电影中的镜头，绝大多数人没有体验。

在好奇心的驱动下，在别人的唆使和引诱下，青少年很容易走上吸毒的道路。另外，有些人还存有侥幸心理，明知吸毒的危害，但经不住别人地劝诱，竟天真地认为尝尝无妨，即使成瘾也能戒掉，结果以身试毒。

云南戒毒中心 1999 年调查表明，当熟悉的人向你提供毒品时，认为吸一口不会上瘾的竟占 75% 。

家庭成员的不良影响

家庭是孩子生长的地方，也是孩子的第一所学校，青少年的健康成长离不开父母的教育和家庭的培养。据调查，吸毒的青少年受家庭因素影响的，主要表现在三个方面：

（1）父母本身有吸毒的行为。孩子看到父母吸毒，耳濡目染，便由模仿到吸毒成瘾。在这种家庭里，父母是最大的教唆犯。

（2）家庭结构残缺或破碎。家庭结构的不完整，如父母离异，使青少年缺少情感交流的环境，感情长期压抑，容易产生反社会的越轨行为。

广东省 1999 年查获的吸毒人员中 35.7% 是由于家庭破裂或家庭

关系紧张造成精神空虚，最后涉入毒潭的。

（3）家庭教育方法的失误。吸毒的青少年多数缺少良好的家庭教育，他们的父母有的对孩子放任自流；有的则过分地溺爱，纵容孩子的不良习惯；有的粗暴管教。

无论是暴力式、放纵式、还是教唆式的教育，都会影响青少年身心的健康成长。据有关资料显示：在青少年吸毒与犯罪中，有87.5%在家庭教育方面存在严重问题。

社会因素的影响

青少年是人生阶段最重要的时期，也是最"危险的时期"。青少年的生理发育逐渐成熟，心理发展相对滞后，容易出现逆反、对抗等心理，是幼稚与成熟、冲动与控制、独立与依赖最为错综复杂的时期。这个时期又称为"心理上的断乳期"、"情感上的急风暴雨期"，正体验着人生最激烈的情绪变化。

这一时期，人最易受社会上的不良风气和不法分子的影响，很容易误入歧途。目前社会对青少年吸毒行为的影响主要表现在：错误的观念引导。

不少吸毒青少年在"享乐主义"的错误观念引导下，认为吸毒是一种高级地享受，是有金钱和地位的象征，他们以吸毒为荣，相互攀比吸毒。在吸毒人员中，这种盲目效仿"时髦"、寻求个人感官刺激的违法犯罪心理普遍存在。

个人交友的不慎

作为一个社会的人，必然要和周围的同类发生关系，形成各种各样的联系，如血缘关系、工作关系、地缘关系、师生关系、同事关系等，而个人的发展会取决于和他直接或间接交往的一切人的发展。交友在人生道路中有着非常重要的作用，交上一个好朋友，可以对自己的工作和学习产生非常重要的促进作用，如果交上一个坏朋友，就有可能染上不良的行为习惯，甚至是误入歧途。

"近朱者赤，近墨者黑"说的就是这个道理。从吸毒青少年的情况来看，其中相当一部分是因为交友不慎，才走上吸毒歧途的。据武汉市戒毒中心调查，第一次吸毒时的毒品由朋友提供的占81.9%，可见交友不慎对青少年吸毒行为影响有多大。

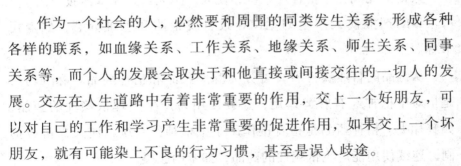

毒品的分类

毒品种类很多，范围很广，分类方法也不尽相同。

从毒品的来源看，可分为天然毒品、半合成毒品和合成毒品三大类。天然毒品是直接从毒品原植物中提取的毒品，如鸦片。半合成毒品是由天然毒品与化学物质合成而得，如海洛因。合成毒品是完全用有机合成的方法制造，如冰毒。

从毒品对人中枢神经的作用看，可分为抑制剂、兴奋剂和致幻剂等。

抑制剂能抑制中枢神经系统，具有镇静和放松作用，如鸦片类。

兴奋剂能刺激中枢神经系统，使人产生兴奋，如苯丙胺类。

致幻剂能使人产生幻觉，导致自我歪曲和思维分裂，如麦司卡林。

从毒品的自然属性看，可分为麻醉药品和精神药品。麻醉药品是指对中枢神经有麻醉作用，连续使用易产生生理依赖性的药品，如鸦片类。精神药品是指直接作用于中枢神经系统，使人兴奋或抑制，连续使用能产生依赖性的药品，如苯丙胺类。

从毒品流行的时间顺序看，可分为传统毒品和新型毒品。传统毒品一般指鸦片、海洛因等鸦片类流行较早的毒品。新型毒品是相对传统毒品而言，主要指冰毒、摇头丸等人工化学合成的致幻剂、兴奋剂类毒品，在我国主要从上世纪末、本世纪初开始在歌舞娱乐场所中流行。

毒品的种类

海洛因

海洛因是半合成的阿片类毒品，距今已有一百余年历史。极纯的海洛因俗称白粉主要来自"金三角"，也就是缅甸、泰国、柬埔寨三国接壤地带，有的来自黎巴嫩、叙利亚，更多的来自巴基斯坦。产品的颜色、精度和纯度取新决于产地。

白色的来自泰国，既纯又白的来自黎巴嫩，褐色的或淡褐色的来自叙利亚、巴基斯坦或伊朗。后来根据用途和纯度不同又分出"2号"、"3号"、"4号"海洛因。

用海洛因静脉注射，其效应快如闪电。整个身体、头部、神经会产生一种爆发式的快感，如"闪电"一般。2～3个小时内，毒品使用者沉浸在半麻醉状态，唯有快感存在，其他感觉荡然无存。心醉神迷过后，别无他念，只对白粉感兴趣，一心只想重新吸白粉，这就是"沉醉"。由于快感很快消失，接着便是对毒品的容忍、依赖和习惯。

随着使用毒品时间的迁延，需要越来越多的毒品才能产生原来的效应，不然过不了瘾。毒品耐受量不断增大。此时，一旦切断白粉进入体内，成瘾后的戒断症状十分剧烈，痛苦难忍的折磨正等待着他。对"闪电"的留恋，而对戒断的痛苦体验，使吸毒者身陷毒潭，身不由己，难以自拔。此时已适应了毒品的身体，产生了生理和心理上的依赖，随着时间地推移，吸毒者精神和身体慢慢开始崩溃。

杜冷丁

杜冷丁学名哌替啶，又称作唛啶、地美露。其盐酸盐为白色、无嗅、结晶状的粉末，能溶于水，一般制成针剂的形式。作为人工合成的麻醉药物，杜冷丁普遍地使用于临床，它对人体的作用和机理与吗啡相似，但镇痛、麻醉作用较小，仅相当于吗啡的 $1/10 \sim 1/8$，作用时间维持 $2 \sim 4$ 小时。毒副作用也相应较小，恶心、呕吐、便秘等症状均较轻微，对呼吸系统的抑制作用较弱，一般不会出现呼吸困难及过量使用等问题。

杜冷丁的滥用是我国当前所面临的毒品问题之一。据上海戒毒康复中心的调查，部分人是从治疗某些疾病而逐渐上瘾的，但大多数吸毒者滥用杜冷丁只是为了追求感官刺激。

杜冷丁有一定的成瘾性，连续使用 $1 \sim 2$ 周便可产生药物依赖性。研究表明，这种依赖性以心理为主，生理为辅，但两者都比吗啡的依赖性弱。停药时出现的戒断症状主要有精

神萎靡不振、全身不适、流泪流涕、呕吐、腹泻、失眠，严重者也会产生虚脱。

K 粉

K 粉是氯胺酮的俗称，英文 Ket—omine，属于静脉局麻药，临床上用作手术麻醉剂或麻醉诱导剂，具有一定的精神依赖性潜力。近年来在一些歌厅、舞厅等娱乐场所发现了氯胺酮的滥用现象。2001年5月9日，国家药品监督局将氯胺酮列入二类精神药品管理。

美沙酮

美沙酮又作美散痛，也是一种人工合成的麻醉药品。其盐酸盐为无色或白色的结晶形粉末，无嗅、味苦，溶解于水，常见剂型为胶囊，口服使用。美沙酮在临床上用作镇痛麻醉剂，止痛效果略强于吗啡，毒性、副作用较小，成瘾性也比吗啡小。

近年来，在我国沿海地区已多次出现非法服用美沙酮的吸毒者，特别是一些原来吸食、注射海洛因或杜冷丁的人，一旦中断药物供应出现强烈的戒断症状，便会服用美沙酮替代。口服美沙酮可维持药效 24 小时以上，但由于它的作用比海洛因弱，故只要能重新获得海洛因，这些吸毒者又会转而复吸海洛因。

大麻植物

大麻在我国俗称"火麻"，为一年生草本植物，雌雄异株，原产于亚洲中部，现遍及全球，有野生、有栽培。大麻的变种很多，是人类最早种植的植物之一。大麻的茎、干可制成纤维，籽可榨油。作为毒品的大麻主要是指矮小、多分枝的印度大麻。大麻类毒品的主要活性成分是四氢大麻酚（THC）。

大麻类毒品分为三部分：

大麻植物干品：由大麻植株或植株部分晾干后压制而成，俗称大麻烟，其中 THC 含量约 0.5% ~ 5%。

大麻树脂：用大麻的果实和花顶部分经压搓后渗出的树脂制成，又叫大麻脂，其 THC 的含量约 2% ~ 10%。

大麻油：从大麻植物或是大麻籽、大麻树脂中提纯出来的液态大麻物质，其 THC 的含量约 10% ~ 60%。

大量或长期使用大麻，会对人的身体健康造成严重损害，主要症状是：

神经障碍。吸食过量可产生意识不清、焦虑、抑郁等症状，对人产生敌意冲动或有自杀意愿。长期吸食大麻可诱发精神错乱、偏执和妄想。

记忆和行为造成损害。滥用大麻可使大脑记忆及注意力、计算力和判断力减退，使人思维迟钝、木讷，记忆混乱。长期吸食还可引起退行性脑病。

影响免疫系统。吸食大麻可破坏机体免疫系统，造成细胞与体液免疫功能低下，易受病毒、细菌感染。所以大麻吸食者患口腔肿瘤的多。

吸食大麻可引起气管炎、咽炎、气喘发作、喉头水肿等疾病。吸一支大麻烟对肺功能的影响比一支香烟大 10 倍。

影响运动协调。吸食大麻过量时可损伤肌肉运动的协调功能，造成站立平衡失调、手颤抖、失去复杂的操作能力和驾驶机动车的能力。

鸦片

鸦片为医学上的麻醉性镇痛药，是从一种草本植物——罂粟中提炼出来的。

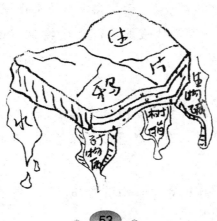

罂粟，是一种一年生的栽培植物，一般种植在海拔高 300 至 1700 米的地方，其植株约高 1.5 米，每年二月播种，四五月份开花，花呈白、红、紫等颜色，每朵花有四个花瓣，其叶子大而光滑，带有银色光泽的绿色，当其果实成熟时，花瓣自然脱落。罂粟本身不是毒品，但它是鸦片制品的原料，从罂粟中可得到像鸦片、吗啡、海洛因、可待因等毒品。

鸦片有生、熟之分。生鸦片地获取，是用小刀将罂粟的蒴果轻轻划破，搜集其白色乳汁，暴露于空气中，由于氧化作用，乳汁干燥凝结后变成褐色，有些品种则呈黑色；可制成圆块状、饼状或砖状。

生鸦片一般表面干燥而脆，里面则保持柔软和有黏性，具有强烈的、令人作呕的气味，有点像氨味陈旧的尿味，味很苦。为保持湿润，通常用玻璃纸或塑料纸包装。

生鸦片中除了 15% ~ 30% 的矿物质、树脂和水分外，还含有 10% ~ 20% 的特殊生物碱。这些生物碱可分为三类：一类是吗啡类生物碱，其中又包括三种成分，1. 吗啡，在鸦片中含有 10% ~ 14%；2. 可待因，这是吗啡的甲醚，在鸦片中含 1% ~ 3%；3. 蒂巴因，在鸦片中约含 0.2%。一类是罂粟碱类生物碱，在鸦片中的含量为 0.5% ~ 1%。一类是盐酸那可汀类生物碱，在鸦片中的含量为 3% ~ 8%。生鸦片需进一步加工处理后，方可供吸毒者使用，可吸鸦片即熟鸦片。

熟鸦片就是生鸦片经过烧煮和发酵后，制成条状、板片状或块状；其表面光滑柔软，有油腻感，呈棕色或金黄色，通常包装在薄布或塑料纸中。

吸食时，熟鸦片可发出强烈的香甜气味。吸鸦片烟者把其搓成小丸或小条，在火上烤软后，塞进烟枪的烟锅里，然后翻转烟锅对准火苗，吸食燃烧产生的烟。

一个烟瘾不大的吸烟者每天吸十至二十次，而烟鬼每天得吸百余次。当前最普遍的吸食方法，是一下吃上一两个小鸦片丸，或把鸦片溶于水中，注射其溶液。有些吸烟者还把鸦片燃烧后的残渣保存起来，以备缺烟时重新使用。

如果吸烟太多，人会变得瘦弱不堪，面无血色，目光发直发呆，瞳孔缩小，失眠，对什么都无所谓。长期吸食鸦片，可使人先天免疫力丧失，因而人体的整个衰弱使得鸦片成瘾者极易患染各种疾病。吸食鸦片成瘾后，可引起体质严重衰弱及精神颓废，寿命也会缩短；过量吸食鸦片可引起急性中毒，造成呼吸抑制而死亡。

冰

"冰"即脱氧麻黄碱（methamphet—amine），为甲基苯丙胺的一种，属某丙胺系列的效力强大的兴奋剂。因其形状呈白色透明结晶体，与普通冰块相似，故又被称之为"冰"（ice），亦称为"艾斯"。

"冰"为1919年首先由一名日本化学家研制合成。1947年开始应用于临床，通过口服或静脉注射，作为中枢神经兴奋药或用于治

疗麻醉药过量、精神抑郁症及发作性睡眠等，亦被用作遏止食欲药以治疗肥胖症。

由于"冰"可消除疲劳，使人精力旺盛，故在第二次世界大战期间，在日本曾被广泛用于疲惫的士兵和弹药厂的工人提神。大战结束后，"冰"已成为日本最为流行的毒品。

摇头丸

继鸦片、杜冷丁、吗啡、海洛因、大麻等毒品在我国贩卖后，1996 年传入我国的一种新型毒品"摇头丸"的滥用严重影响我国的社会治安。其传播速度之快始料不及。服用者大多是涉足舞厅的青少年，引发的社会问题极为严重。

摇头丸 90 年代初流行于欧美，是一种致幻性苯丙胺类毒品，是一类人工合成的兴奋剂，对中枢神经系统有很强的兴奋作用。服用后表现为活动过度、情感冲动、性欲亢进、嗜舞、偏执、妄想、自我约束力下降以及有幻觉和暴力倾向，具有很大的社会危害性，被认为是本世纪最具危险的毒品。

吗啡

吗啡是鸦片中的主要生物碱，1806 年为德国化学家 F. W. A·泽尔蒂纳分离出来。作为鸦片的主要有效成分，吗啡在鸦片中含量为 7% ~ 14%。由于纯度关系，吗啡的颜色可呈白色、浅黄色或棕色，可将其干燥成结晶粉末状，也可做成块状。吗啡味道微酸。因其极易吸水，故作为毒品用的吗啡一般需用聚乙烯或赛璐玢包装，以保持其干燥。

吗啡是从割罂粟的蒴果收集的生鸦片或者从罂粟杆（鸦片罂粟的蒴果和茎的上部分）中提取的。后一方法避免了鸦片膏的生产，大量的必需的罂粟杆使非法交易变得非常困难。目前世界上用于医学目的所需吗啡的大部分，都是通过这种方法获得的。

在医学上，吗啡为麻醉性镇痛药，药用其盐酸盐、硫酸盐、醋酸盐和酒石酸盐。具有镇痛及催眠作用，其镇痛作用是自然存在的化合物中无可匹敌的，因而一直被视为解除剧痛最有效的传统的止痛药，一般可用于肾绞痛和胆结石、转移癌所致的剧痛及其他镇痛药无效的疼痛。具有镇静作用，可遏止机体因外伤性休克、内出血、

充血性心力衰竭及某些消耗性疾病（如伤寒的某些类型）所引起的衰竭。吗啡最通常的给药方法是注射，以便迅速生效，但口服亦有效。用药后可见欣快感及呼吸系统、循环系统和肠胃系统的副作用。吗啡还有催吐作用，是一种全身抑制药。其最大缺点是易成瘾。

　　吸食吗啡，可产生人体上的一系列副作用。在神经中枢方面，副作用表现为嗜睡和性格地改变，引起某种程度的惬意和欣快感觉；在大脑皮层方面，可造成人的注意力、思维和记忆性能的衰退，长期大剂量地使用吗啡，会引起精神失常的症状，出现幻觉；在呼吸系统方面，因吗啡能抑制

呼吸中枢的兴奋性，改变呼吸的自动控制，因而大剂量吸食会导致呼吸停止而死亡。吗啡的极易成瘾性，使得长期吸食者无论从身体上还是心理上都会对吗啡产生严重的依赖性，造成严重的毒物癖，从而迫使吗啡瘾者不断地增大剂量以期收到相同的吸食效果。

　　戒绝吸食吗啡，会伴随着明显的身体症状：流汗、颤抖、发热、血压高、肌肉疼痛和挛缩。这些紊乱构成了戒绝吗啡后的综合病症。

可卡因

可卡因是一种微细、白色结晶粉状生物碱，具有麻醉感觉神经末梢和阻断神经传导的作用，可作为局部麻醉药。

可卡因由古柯树叶中提取。古柯树是一种常绿灌木植物，广泛地生长在南美洲地区，尤其是在秘鲁、玻利维亚、巴西、智利和哥伦比亚等国。古柯树两年可采摘四次树叶，平均每片古柯叶中含可卡因生物碱 *0.5% ~ 1%* 。

几百年来，南美洲安第斯山脉地区的印第安人一直就有咀嚼古柯叶的习惯，用以增加力量，消除疲劳，增强耐饥渴的能力。到本世纪初，可卡因的功效越来越被人们所熟知，滥用它的情况逐渐增多，以后很快发展为一种震撼世界，尤其是欧美国家的毒品。

非法制作、贩卖的可卡因一般有三种类型：坚硬块状，大量销售的往往是此种可卡因。薄片状，此种可卡因一般纯度较高，被吸毒者视为可卡因精品。粉末状，这往往是用于零售而被稀释的可卡因。

毒品的特点

毒品之所以有那么大的市场，世界各地屡禁不止，是与其独特的特点分不开的。我们只有认识了它，破析了它，才能有效地控制它，禁止它。

身体依赖性

毒品作用于人体，使人体体能产生适应性改变，形成在药物作用下的新的平衡状态。一旦停掉药物，生理功能就会发生紊乱，出现一系列严重反应，称为戒断反应，使人感到非常痛苦。用药者为了避免戒断反应，就必须定时用药，并且不断加大剂量，使吸毒者终日离不开毒品。

精神依赖性

毒品进入人体后作用于人的神经系统，使吸毒者出现一种渴求用药的强烈欲望，驱使吸毒者不顾一切地寻求和使用毒品。一旦出现精神依赖后，即使经过脱毒治疗，在急性期戒断反应基本控制后，要完全康复原有生理机能往往需要数月甚至数年的时间。更严重的是，对毒品的依赖性难以消除。这是许多吸毒者一而再、再而三反复吸毒的原因，也是世界医、药学界尚待解决的课题。

对人体机理的危害

我国目前出现最广、危害最严重的毒品是海洛因，海洛因属于阿片肽药物。在正常人的脑内和体内一些器官，存在着内源性阿片肽和阿片受体。在正常情况下，内源性阿片肽作用于阿片受体，调节着人的情绪和行为。

人在吸食海洛因后，抑制了内源性阿片肽的生成，逐渐形成在海洛因作用下的平衡状态。一旦停用就会出现不安、焦虑、忽冷忽热、起鸡皮疙瘩、流泪、流涕、出汗、恶心、呕吐、腹痛、腹泻等症状。这种戒断反应的痛苦，反过来又促使吸毒者为避免这种痛苦而千方百计地维持吸毒状态。冰毒和摇头丸在药理作用上属中枢兴奋药，毁坏人的神经中枢。

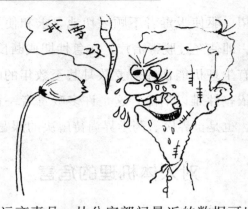

青少年如何远离毒品，从公安部门最近的数据可以看出 2003 年我国内地累计登记在册的吸毒人员已达到 103 万人，其中 74% 吸用海洛因，同比上升了 11%。在吸毒人员总数中，35 岁以下的青少年占到 72.2% 以上。一些毒品贩子利用青少年的好奇心理，采取多种手段引诱青少年上钩，致使染上毒瘾，难以戒断，有些被送进劳教所劳教。

对市场的侵透力强

据北京某劳教所统计，吸毒的成因，38% 是好奇，12% 是受亲友影响，26% 是精神空虚、追逐时髦，24% 是被引诱上钩。

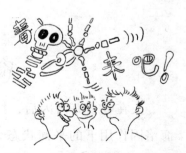

一是社会、学校对毒品危害的宣传力度不够，政府有关部门采取地预防措施不力。毒品对青少年的引诱力是相当大的。

当前一些不法分子往往采取在饮料、啤酒中放置冰毒或摇头丸的手段引诱青少年上钩。加上娱乐场所管理混乱，易为犯罪分子有机可乘。学校思想道德教育薄弱，社区工作发展极不平衡，一些单亲家庭的子女得不到亲情的关爱，因而造成青少年涉毒问题愈演愈烈。

二是受毒品暴利引诱，毒品犯罪分子猖獗。我国已处于毒品的四面包围之中。国内一些不法分子为谋取暴利，与境外贩毒分子勾结，致使毒品犯罪呈现职业化、扩展化、武装化、国际化的趋势。毒品滥用多样化和制贩吸毒一体化，加大了禁毒工作的难度。

如广东警方破获贩运的冰毒一年竟达五吨之多，可见毒品犯罪何等猖狂。毒品犯罪分子的手段之一，是利用一些社会经验少、辨别能力差的青少年为他们走私贩运毒品。以他们年龄小，处于无刑事责任和只承担相对刑事责任及减轻刑事责任的年龄段，可以逃脱犯罪行为诱因，引诱他们参与犯罪活动。这样一来，一些青少年不仅仅自己成为毒品犯罪的受害者，同时也成了毒品犯罪的"害人者"。

对社会极具诱惑

构筑拒毒心理防线——正确把握好奇心，抑制不良诱惑。初中阶段是人生成长的关键时期，对生活充满热情和憧憬，渴望拥有五彩斑斓的生活和精彩人生。在这个关键时期，如果吸了第一根烟，尝试了第一口毒品，涉足了青少年不宜进入的场所一旦染上毒瘾，你的人生悲剧就会从此开始。要避免悲剧的发生，就必须构筑拒绝毒品的心理防线。

好奇是青少年的共同特点。对于没有体验的东西，总有一种跃跃欲试的愿望，但是，一定要明辨是非，把握好奇心。面对毒品，一定要态度鲜明，千万不要心存侥幸，以好奇为由去尝试，自觉抑制不良诱惑，千万不要吸食第一口。

破坏人体健康

无论是哪一种毒品，都可以使人体免疫力下降，血红蛋白减少，各种生理机能遭到严重破坏。特别是当前，吸毒人员向低龄化，吸毒方式向静脉注射，毒品原料向海洛因蔓延，对吸毒者的危害更为剧烈。

毒品经吸食或注射到人体后，能破坏人体的消化系统，使消化系统功能失调；能破坏人的内分泌系统，使人反应迟钝，神经衰弱、失眠；能破坏人的生殖系统功能，导致畸胎、死胎、流产……吸毒过量还会使人中毒死亡。

有确凿的资料表明：静脉注射毒品是艾滋病在我国产生和传播的主要渠道。海洛因依赖者的平均寿命一般在 30 岁左右，吸毒者一般在长期吸毒后 8 至 12 年死亡，平均死亡率高于正常人群的 15 倍。

可见，让人能"飘飘欲仙"的"白面"，实际是严重损伤人体，毁灭生命的"白色恶魔"，是扼杀人类的杀手，是世界性的公害。

毒品上瘾原因

生理因素

人脑中本来就有一种类吗啡肽物质维持着人体的正常生理活动。吸毒者吸了海洛因，外来的类吗啡肽物质进入人体后，减少并抑制了自身吗啡肽的分泌，最后达到靠外界的类吗啡肽物质来维持人体的生理活动，自身的类吗啡肽物质完全停止分泌。

那么，一旦外界也停止了供应吗啡肽物质，则人的生理活动就出现了紊乱，出现医学上说的"反跳"或"戒断症状"。此时，只有再供给吗啡物质，才可能解除这些戒断症状，这就是所谓的"上瘾"。

社会因素

包括社会环境能否获得毒品，社会动荡不安对人的影响，社会文化背景决定哪些人易成为毒品的俘虏，社会法律对毒品的态度等。

个人心理因素

研究结果倾向于认为在不同性格的人当中易冲动，对社会常规模式具有反抗性，以及对挫折忍受差者这三类人，有着相对较高的危险度，即具有较高的滥用药物成瘾的易感性。

海洛因毒品具有舒适和欣快感的药理学特征。吸食海洛因毒品初始有一种强烈的欣快感，实践表明，多数成瘾者第一次吸毒后就有浑身困乏、非常难受的感觉，而渴望第二次吸毒，从而导致成瘾。

因人已适应了药物，从而产生了生理和心理的依赖。因此说吸三次海洛因就会上瘾是有大量例证的，那些认为偶尔吸一下海洛因无所谓的看法是非常错误的，也是非常危险的。

总之，毒品成瘾问题，往往是心理因素与社会因素、生物因素与环境因素相互作用的结果。

毒品的危害

吸毒会给家庭、社会、国家都造成巨大的危害，青少年吸毒对社会的危害更大，具体原因如下：

对家庭造成危害

凡亲属中有吸毒者的人都有这样的体会：家庭中一旦出现了吸毒者，这个家便不称其为家了。吸毒者在自我毁灭的同时，也破坏着自己的家庭，使家庭陷入经济破产，亲属离散，甚至家破人亡的严重境地。吸毒者丧失了自身劳动能力，也严重破坏着生产力。

（1）吸毒导致了吸毒者自身发生疾病，从而最终完全丧失了劳动力，这必然给家庭造成严重经济负担。

（2）吸毒往往导致家庭暴力与犯罪，这又必然破坏家庭的和睦，甚至导致家庭的破裂。

（3）一些吸毒人员会把毒瘾"传染"给家庭成员。大量案例说明，很多吸毒者都是从丈夫、兄弟及其他亲属那里获得毒品，从而沾染恶习的，有的甚至出现了全家吸毒的现象。这种现象，必然导致家庭的彻底毁灭。

（4）父母吸毒，会严重影响下一代的生理与心理健康。无论是家庭经济状况的恶化还是家庭的破裂，都必然给儿女造成伤害。

对社会生产力的巨大破坏

吸毒首先导致身体疾病，影响生产；其次是造成社会财富的巨大损失和浪费；同时毒品活动还造成环境恶化，缩小了人类的生存空间。据联合国麻醉品管制局公布的最新数字，世界上吸毒人员超过 5000 万人。每年有几十万瘾君子因吸毒丧命。全球毒品交易额约达 8000 ~ 10000 亿美元，毒品蔓延的范围已扩展五大洲的 200 多个国家和地区。毒品消耗着人类的财富，使全世界每年有一千亿美元化为灰烬。

（1）为了与毒品作斗争，各国政府投入了大量的资金。以美国为例，自 1981 年以来政府每年平均投入 3 亿美元用于禁毒教育、治疗和研究项目，1989 年布什总统又提出 320 亿美元的扫毒计划，此外还每年另拨 10 多亿美元援助拉美国家的禁毒、扫毒。

在东南亚，缅甸政府近年来仅用于戒毒的费用就已高达数千万美元，而且还在不断增加之中。

我国在挽救、治疗吸毒者，开展禁毒教育和科研，加大缉毒力度等方面都投入了大量的人力、物力和财力。近几年来我国各地先后开设的 600 多个戒毒所，年戒毒能力已达 10 万多人次的事实就是一个证明。

（2）吸毒者大都无意从事生产劳动，不能创造社会财富，即使还在劳动、工作，也极易发生种种意外事故。据报道，美国吸毒者的生产事故要比常人高出 3～10 倍，由此造成的经济损失每年约有 260 亿美元。

我国吸毒严重的西南边境地区曾出现过农田荒芜、工厂停工的情况。严酷的事实表明，凡是吸毒严重的地区，劳动生产力受到极大的破坏，经济状况因此而急剧衰退。

（3）毒品在加工、生产过程中需要大量的各种化学配剂，同时排放出有毒的"三废"物质，破坏了自然资源，污染了生态环境，有的已造成严重的后果。玻利维亚环保部门 1990 年发表的一份报告指出，全国每年由于生产、制造可卡因而倾入河中的有毒废渣、废水已达 3.8 万吨，使水生物、植物大量死亡，农田被污染，农作物受到毒害，最终将影响人的健康。该报告还预计数年之后该国肥沃的查帕瑞平原将变为有毒的荒漠。

我国华南、华东沿海的部分城镇还出现了境外贩毒组织渗透入境，与境内不法分子互相勾结，非法加工、生产冰毒，严重污染环境的案件，向我们敲响了警钟。

毒品活动扰乱社会治安

吸毒者吸食、注射毒品，需要大量的金钱，吸毒者面对这样高额的费用和强烈地诱惑，会丧心病狂、不择手段、甚至铤而走险，进行抢劫、盗窃、诈骗、贪污、卖淫甚至杀人等违法犯罪活动。许多瘾君子五毒俱全，给社会治安造成严重危害。大量事实证明，吸毒已成为诱发犯罪、危害社会治安的根源之一。

（1）诱发财产型违法犯罪。财产型违法犯罪是指以强烈的物质占有欲为动机，以获取非法经济利益为目的，用非法手段破坏社会主义经济秩序，取公私财物占为己有的违法犯罪行为。如走私、抢劫、盗窃、贪污、诈骗等。吸毒者常和刑事案件联系在一起，这是为什么呢？其主要原因是为了支付昂贵的毒品费用。

（2）引诱、教唆、欺骗他人吸毒。所有的吸毒者都希望发展新的吸毒者，因为这样，可以把自己本来已经高价买来的毒品用更高的价钱卖给新的吸毒者，用赚来的黑钱买更多的毒品。这种做法，在吸毒者队伍中普遍称为"以贩养吸"。由此，不仅导致了更多的人陷入毒窟，还导致引诱、教唆、欺骗他人吸毒及强迫容留他人吸毒的犯罪现象的蔓延。

（3）"以淫养吸"，道德沦丧。一些女性吸毒者在丧失了劳动能力，耗尽家庭财产之后，仍不能控制强烈的觅毒欲望。当无钱买毒品缓解毒瘾时，她们就会无所不为，甚至走上出卖自己肉体赚取毒资的悲惨之路。由于这类卖淫妇女增多，导致娼妓成灾，道德沦丧、家庭破裂。

对青少年的危害

毒品对中小学生的危害，概括起来可以用 *12* 个字来表示："毁灭自己，祸及家庭，危害社会！"

（1）毁灭自己。不同的毒品摄入体内，都有各自的毒副反应及产生戒断症状，对健康形成直接而严重的损害，甚至吸毒过量导致死亡。此外，由于毒品对消化系统、呼吸系统、心血管系统、免疫系统的影响，滥用毒品可导致多种并发症的发生。如急慢性肝炎、肺炎、败血症、心内膜炎、肾功能衰竭、心律失常、血栓性静脉炎、动脉炎、支气管炎、肺气肿、各种皮肤病、慢性器质性脑损害、中毒性精神病、性病及艾滋病。百年前就有诗曰"剜骨剃髓不用刀，请君夜吸相思膏（相思膏，即鸦片）"。

毒品不仅对躯体造成巨大的损害，由于毒品的生理依赖性与心理依赖性，使得吸毒者成为毒品的奴隶，他们生活的唯一目标就是设法获得毒品，为此失去工作、生活的兴趣与能力。长期吸毒精神萎靡，形销骨立，人不像人，鬼不像鬼。因此，有人告诫吸毒者："吸进的是白色粉末，吐出来的却是自己的生命。"

（2）祸及家庭。一个人一旦吸毒成瘾，就会人格丧失，道德沦落，为购买毒品耗尽正当收入后，就会变卖家产，四处举债，倾家荡产，六亲不认，"烟瘾一来人似狼，卖儿卖女不认娘"。家中只要有了一个吸毒者，从此全家就会永无宁日，就意味着这个家庭贫穷和充满矛盾的开始。妻离子散，家破人亡往往就是吸毒者家庭的结局。

（3）危害社会。吸毒与犯罪如一对孪生兄弟。吸毒者为获毒资往往置道德、法律于不顾，越轨犯罪，严重危害人民生命与社会治安。

吸毒者丧失工作能力与正常生活的能力，对吸毒者各种医疗费用，缉毒、戒毒力量的投入，药物滥用防治工作的开展，这些都给社会经济带来严重的损失。如今，吸毒成为社会痼疾，在全世界蔓延，人类社会因此背上了沉重的社会包袱。

目前我国流行滥用的摇头丸等"新型毒品"多发生在娱乐场所，西方社会称之为"舞会药"或"俱乐部药"。

"舞会药"的滥用最早起源于20世纪60年代一些欧、美国家，主要在夜总会、酒吧、迪厅、咆哮舞厅中被滥用。

20世纪90年代后，"舞会药"在全球范围形成流行性滥用势头。滥用群体从早期的摇滚乐队、流行歌手和一些精神堕落群体蔓延至以青少年群体为主的社会各阶层，"舞会药"滥用种类越来越多。

根据此类毒品的毒理学性质，可以将"舞会药"分为以下四类：

第一类以中枢兴奋作用为主，代表物质包括甲基苯丙胺（我国俗成"冰毒"）和可卡因；

第二类是致幻剂，包括植物来源和化学合成的，代表物质有色胺类（如裸盖菇素）、麦色酰二乙胺（LSD）、苯烷胺类（如麦司卡林）和分离性麻醉剂（苯环己哌啶和氯胺酮）；

第三类兼具兴奋和致幻作用，代表物质是亚甲二氧基甲基苯丙胺（我国俗成"摇头丸"）；

第四类是一些以中枢抑制作用为主的物质，包括氟硝安定、γ-羟基丁丙酯和酒精。

毒品给社会造成的危害越来越大。毒品犯罪往往与黑社会、暴力、凶杀联系在一起，是许多严重刑事犯罪和治安问题的重要诱因。各地由毒品问题引发的刑事案件普遍增多，多则占全部刑事案件的 70% ~ 80%。

截至 1998 年底，全国共报告艾滋病病毒感染者 12639 例，其中，因静脉注射毒品而感染的近 70%。据专家估计，全国每年由毒品造成的经济损失至少在 1000 亿元以上。

我们不能不清醒地意识到，毒品犯罪形势严峻，禁毒斗争任重而道远。毒品，从来没有像今天这样肆虐横行，从来没有像今天这样震撼着世界上的每一个家庭和个人。它威胁着人类地生存和发展，吞噬着人类的一切文明和希望。

网络、电子游戏是一把双刃剑，一方面改变着人类的物质和精神生活，一方面又影响和腐蚀着人们的心灵。色情、赌博、毒品等有害信息乘隙传播，部分学生逃学泡网吧、电子游戏厅，沉溺于网络和电子游戏，荒废了学业、损害了身心，有的甚至走向吸毒犯罪和参与淫秽活动的深渊。

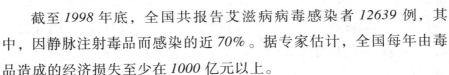

吸毒引发的疾病

专家指出，吸毒对于身体、心理上的伤害不容忽视。吸毒严重损害人的身体健康，容易造成种种不良的并发症：

营养不良

营养不良居吸毒并发症的首位。吸毒可引发呕吐、食欲下降，抑制胃、胆、胰消化腺体的分泌，从而影响食物的消化吸收。时间一长，造成吸毒者普遍营养不良和体重下降，特别是经济困难的吸毒者，到最后大都骨瘦如柴。

损害呼吸道

零售的毒品中大都掺入了滑石粉、咖啡因、淀粉等粉状杂物，吸食后可引起肺颗粒性病变、肺纤维化、肺梗塞、肺气肿、肺结核等肺部感染。由于海洛因具有镇咳作用，当吸毒者肺部病变时，并无明显咳嗽等表现，易掩盖病情，往往临床上发现吸毒者有肺部感染时，病情已经十分严重。

易患各种性病

吸毒者大多是性乱者，尤其是女性吸毒者，大多滥交、卖淫，极易交叉感染各种性病。

感染性疾病

不消毒的静脉注射易引起皮下脓肿、蜂窝组织炎、血栓性静脉炎、败血症和细菌性心内膜炎等感染性疾病。

损伤血管

静脉注射毒品，可引起局部动脉栓塞、静脉炎、坏死性血管炎和霉菌性动脉瘤等。

损害神经系统

如急性横贯性脊髓炎、急性感染性神经炎、细菌性脑膜炎等。

造成性功能障碍

男性多表现为阳痿、早泄、射精困难；女性多表现为闭经、痛经、停止排卵、性欲缺乏和不孕。吸毒孕妇分娩婴儿死亡率高。

精神病症状

由于毒品的作用以及吸毒后生活方式的改变，吸毒者多出现人格改变和典型的精神病症状。如自私、冷漠、社会公德意识差，有的还会出现幻觉冲动，发生攻击行为，自残、伤人或自杀。

肾脏疾患

如急性肾小球性肾炎、肾功能衰竭和肾病综合症等。

艾滋病

艾滋病是"获得性免疫缺陷综合症"的简称，英文缩写是AIDS。它是由人类免疫缺陷病毒（HIV）传入人体后，破坏人体的免疫功能而出现的一系列症状，最后导致死亡。

目前，全世界尚无一种有效的手段治疗和控制艾滋病，故被称为"世界超级瘟疫"。吸毒易导致艾滋病的传播，是因为吸毒者之间常常共用一支注射器注射毒品，而感染艾滋病。

第二章

"黄赌毒" 的预防

根治"黄赌毒"的思考

近几年来，青少年违法犯罪呈上升趋势，尤其是因"黄赌毒"诱发的犯罪率逐年上升，且速度越来越快。"黄赌毒"诱发犯罪，严重影响着广大青少年的健康成长，给家庭、社会带来不可想象的后果。

青少年陷入"黄赌毒"的原因是多方面的。主要有：

家庭方面的原因

诸如家庭不和；养而不教；教育方法不当；家长或其他家庭成员行为不当，严重影响到孩子的健康成长。

学校方面的原因

不少学校单纯追求升学率，放松对学生的法制和德育教育。在一些地区和学校中普遍存在着"四重四轻"的现象：重视重点学校，轻视一般学校；重视高中教育，轻视小学、初中教育；重视智育，轻视思想教育；重视尖子生的培养，轻视大多数学生，漠视"差生"。学校管理不善，措施不力。学校对学生缺乏必要的性知识、性道德教育和法律教育。

一般未成年人在十四五岁时，生理发育与心理发育是不平衡的，性成熟和人格成熟不一致的矛盾十分突出。因此，抓紧这一时期对青少年进行性道德、性知识教育是至关重要的。

社会方面的原因

从大量的青少年违法犯罪案例中可以看出，受不良文化影响并导致违法犯罪的情况触目惊心。不少人犯罪纯粹是对一些影视镜头的刻意模仿，尤其因"黄赌毒"而诱发犯罪的青少年则多为影视里花天酒地的生活方式所诱惑。涉嫌性犯罪的几乎全部观看过淫秽影碟或访问过色情网站。

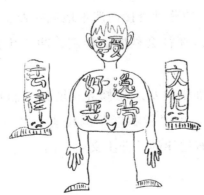

青少年自身方面的原因

文化水平低、法律意识薄弱；缺乏正确的人生观、价值观、世界观；交友不慎，误入歧途；贪图享受、好逸恶劳等。

警惕"黄赌毒"的侵袭

"黄赌毒"是社会的"毒瘤"。新中国成立后，广大人民群众在党和政府的领导下，坚决禁止卖淫嫖娼，赌博和吸毒，彻底扫除"黄赌毒"等社会丑恶现象，成为世界上的"无毒国"。

改革开放以来，在经济迅猛发展，人民生活水平大幅度提高的同时，落后的社会沉渣，西方腐朽没落思想、生活方式也乘虚而入，"黄赌毒"现象又死灰复燃。

"黄赌毒"病疫的蔓延直接而严重地危害青少年的身心健康，干扰家庭幸福安宁，破坏社会秩序的稳定，冲击社会主义物质文明和精神文明建设。

青少年学生要加强自身思想修养，增强法制观念，警惕"黄赌毒"的诱惑，自觉防止"黄赌毒"的侵害，把自己培养成有理想、有道德、有文化、有纪律的社会主义建设的一代新人。

远离"黄赌毒"，防范学生犯罪

青少年违法犯罪的主要特点

当代社会，"黄赌毒"是青少年犯罪的主体。资料显示，因"黄赌毒"的危害，青少年犯罪年龄呈集中性和阶段性分布，呈现低龄化倾向。2000年以来，14～16岁未成年人违法犯罪增长率持续增高。据统计，14～16岁未成年人犯罪比率从1999年的11.42%逐年递增至2003年的15.09%。而16～18岁的青少年犯罪率始终居高不下。二是性别分布上以男性为主，但部分地区女性青少年违法犯罪比例有所上升。三是文化程度普遍较低，据2002年未成年人违法犯罪研究报告表明，在未成年人犯罪群体中，小学以下文化程度占34.6%，而初中没毕业的占到了47.3%。四是身份比较集中。城市闲散青少年、学生等群体占相当大比重。在一项针对未成年人犯罪调查中的数据显示，闲散未成年人犯占全部调查对象的61.2%。

在犯罪行为上：一是团伙性明显。由于青少年主观独立性较弱，有渴望友情，乐于群聚，向往集体的心理需求。二是"五性"突出。青少年群体兴趣爱好广泛，情感丰富，常对许多人、事物和社会事件产生情绪反应，由于青少年情绪的冲动和不稳定，导致了青少年犯罪行为的盲目性、冲动性、暴力性、模仿性和偶发性。三是智能性趋向。由于青少年文化程度地普遍提高和信息渠道地不断丰富，青少年犯罪行为开始由低级、简单、随意向高级、高智能发展，利用计算器、互联网等科技手段进行的青少年犯罪开始显现，犯罪方式在不断升级。

在犯罪类型上：一是从较为单一的犯罪类型向成人化犯罪类型发展。二是随着青少年需求的广泛化，犯罪动机、犯罪目的出现多样化，形成了犯罪类型的多样化，给社会带来了极大的危害。

青少年违法犯罪的主客观原因

从社会客观原因看：一是在市场经济的环境中，一些领域道德失范，诚信缺失、假冒伪劣、欺骗欺诈活动有所蔓延；拜金主义、享乐主义、极端个人主义滋长，以权谋私等消极腐败现象屡禁不止，严重干扰社会生活；一些地方封建迷信、邪教和"黄赌毒"等社会丑恶现象沉渣泛起；国际敌对势力利用各种途径加紧对我国未成年人进行思想文化渗透；社会转型期带来的在就业、就学等方面的诸多问题，这些无不给青少年的成长带来不可忽视的负面影响。二是家庭教育不到位。家庭是对青少年思想影响最深、联系最紧密的地方。有些家长在教育子女尤其是独生子女的观念和方法上存在误区，给未成年人教育带来新的问题；一些特殊群体子女缺乏应有的关爱，不良的家庭环境影响他们的健康成长。三是素质教育理念虽然早已提出，但应试教育的影响仍然存在。学校存在的重智育轻德育以及智育与德育分离，对学校和学生的评价体系标准不够科学，学生中厌学、辍学等问题，都是引发学生不良行为甚至违法犯罪行为的潜在因素。四是互联网等新兴媒体的快速发展，给未成年人学习和娱乐开辟了新的渠道。与此同时，充满暴力与色情的网络游戏软件对学生的诱惑，腐朽落后文化和有害信息也通过网络传播，腐蚀未成年人的心灵，不同程度地加大了预防未成年人违法犯罪工作的难度。

从个人主观因素看：一是未成年人心理上的不稳定性。未成年人处于少年期、青年初期阶段，神经系统处于不稳定状态。其认识、感情和意志上的变化，让他们变得容易兴奋、容易冲动、容易感情用事，极易受外界环境的影响。一旦受到不良因素的影响，他们就容易陷入青春危机。如果在某些方面出现社会化障碍，这种危机就可能衍化成犯罪危机。二是生理上的不成熟性。处于青春发育期的青少年，身体发育明显加速，性机能开始成熟，这些对他们的心理、情绪、精神、行为等各方面都产生深刻的影响。由于生理成熟与心理成熟的不同步，导致了青少年的心理和生理发展上的不平衡，加上青春期知与行的差距，形成了青少年违法犯罪的生理因素。三是犯罪机遇因素偶发性。即诱发犯罪的最佳机遇和条件。这里是指青少年由于外界原因造成激情冲动、思想偏差、行为失范，走上违法犯罪歧途的有所增多；或被动地、不自觉地卷入到违法犯罪活动中。

青少年犯罪的发展过程

特别是初犯之前，总是有一些明显的外部表现，也就是犯罪的征兆。中小学生犯罪都有哪些前期征兆呢？

（1）对学习不感兴趣，学习成绩无缘无故地下滑，不按时完成老师布置的作业，考试时进行抄袭，对考试结果不以为然，留级也无所谓；

（2）对事物的兴趣开始变化，动作懒散，上课思想不集中，而对武打、言情和低级庸俗甚至黄色的录像、书刊和光盘甚感兴趣；

（3）经常迟到、早退、旷课，厌恶学校生活，这种孩子如果与校外的不法分子或无业人员有了联系，就会越来越不愿意回家；

（4）心理方面有变化，如精神恍惚，情绪波动，举止反常，心神不定，东张西望；

（5）对教师和家长的关心帮助表示反感，甚至怀有敌意，恶语顶撞，有时给教育者出难题，看笑话；

（6）对遵守纪律、要求进步的学生进行讽刺、挖苦和打击，同情和包庇甚至效仿有劣迹或不法行为的人，把反社会的人格或行为当作是"勇敢"的表现；

（7）原本养成的生活规律出现变化，如从早起变成睡懒觉，从注意卫生变为邋里邋遢、不修边幅甚至肮脏，或一反常态地特别喜欢梳妆打扮；

（8）道德品质起了变化，如从诚实变成爱撒谎，爱说空话、大话、假话；从谦虚变成傲慢，从斯文变成野蛮，喜欢逞能；从文明礼貌变成口吐秽言、动作粗野，或在家长、老师面前循规蹈矩，而背后却胡作非为；

（9）结交不三不四的人，或与校外的流失生和有前科的人结交，或拉帮结伙聚在一起甩扑克打麻将，或三五成群出入公共场所，惹是生非，遇事便大打出手，惟恐天下不乱；

（10）过分追求物质享受，染上了一些成年人的不良行为习惯，如抽烟喝酒等。

我国惩处青少年违法犯罪规定

（1）我国刑法对不满 14 周岁的人实施的危害社会的行为，依法

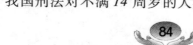

责令其家长或监护人加以管教，在必要时也可由政府收容教养。

（2）已满 14 周岁不满 16 周岁，为相对负刑事责任年龄阶段，即对于《刑法》规定的八种重罪必须负刑事责任。这八种罪是：故意杀人、故意伤害致人重伤或死亡、强奸、抢劫、贩毒、放火、爆炸、投毒。

（3）已满 16 周岁，为完全负刑事责任年龄阶段。

青少年犯罪的自我预防、自我教育

（1）力行十戒。

戒娇：积极参加劳动，养成劳动习惯；敢于正视挫折，提高耐性能力。

戒奢：树立勤劳致富思想，养成节俭习惯；参与家庭理财活动和社会经济活动。

戒惰：树立社会责任感和创业精神；培养良好的兴趣、爱好，勤奋实干。

戒骄：虚心好学，不耻下问；谦虚谨慎，积极进取。

戒贪：培养正确消费观、抵制畸形消费；通过正当途径，获取合法权益。

戒散：树立纪律、法制观念，确保规范；制定学习、生活规划，养成规律。

戒假：诚实守信，实事求是；珍惜荣誉，摒弃虚荣。

戒妒：树立信心，赶超他人；主动交流，抒发感情。

戒黄：学习青春期知识，提高免疫力；接受性道德教育，增强抗腐力。

戒毒：了解毒品性质和危害，提高禁毒意识；克服不健康心理，培养健全人格。

（2）做到"十不"。

是自我规范，防微杜渐。青少年培养自我保护的意识和能力，应自觉抵制有害健康成长的行为，做到"十不"：

不吸烟、酗酒。

不打架斗殴，辱骂他人。

不携带管制刀具。

不强行索要财物。

不早恋。

不旷课、夜不归宿。

不偷窃、故意毁坏财物。

不参与赌博或变相赌博。

不参看色情、淫秽读物、音像制品等物品。

不做其他危害自身、他人身心健康的行为。

青少年"黄赌毒"犯罪的调研报告

未成年人是祖国的未来和希望，是二十一世纪建设有中国特色社会主义的主力军。未成年人是指未满十八周岁的公民。年轻一代的素质如何，将决定中华民族新世纪的前途和命运。老一辈无产阶级革命家毛泽东、周恩来、刘少奇、朱德对未成年人的教育和成长都十分关心。邓小平同志在 1986 年就指出："加强法制，重要的进行教育，根本的问题是教育人。"并强调："法制教育要从娃娃开始，小学、中学教育都要进行这一教育。"2005 年 2 月 1 日，江泽民总书记发表了《关于教育问题的谈话》，再一次昭示了党中央对教育工作的高度重视，对青少年一代的亲切关怀和殷切希望，这必将对我国教育事业的发展产生深远的影响。国家三代领导人都非常重视青少年法制教育，并把其提到重要位置。

我们来分析当前青少年违法犯罪现状，揭示现阶段青少年成长过程中面临的新情况、新问题，揭示青少年违法犯罪的演变轨道和严重危害，宣传我国预防和惩治青少年违法犯罪的方针、政策和措施，宣传保护青少年和青少年自我保护的知识和方法。使全社会更加关注青少年的健康成长，进一步加强预防青少年违法犯罪的工作，使广大青少年接受一次深刻的法制教育，不断提高遵纪守法的自觉性和自我保护、维护合法权益的能力，从而达到预防青少年违法犯罪，培养和造就社会主义现代化事业接班人的目的。

青少年违法犯罪现状

中共中央关于加强社会主义精神文明建设若干重要问题的决议，充分肯定了改革开放以来我国精神文明建设取得的成就。同时指出，一些领域道德失范、拜金主义、享乐主义、个人主义滋长，封建迷信和"黄赌毒"等丑恶现象沉渣泛起，文化事业受到消极因素的严重冲击，危害青少年身心健康的东西屡禁不止。

近几年来，青少年违法犯罪呈上升趋势，尤其是因"黄赌毒"诱发的犯罪率逐年上升，且速度越来越快。河南省某少管所 2002 年在押青少年罪犯 1507 人，因"黄赌毒"诱发犯罪的 78 人，占在押青少年罪犯总数的 5%。到 2004 年 10 月，该所在押的青少年罪犯中因"黄赌毒"诱发犯罪的 137 人，占在押青少年罪犯总数的 8%。

"黄赌毒"诱发犯罪，严重影响着广大青少年的健康成长，给家庭、社会带来不可想象的后果。

青少年违法犯罪的特点

一是违法犯罪呈低龄趋势。*1990* 年以来，青少年违法犯罪的初始年龄比 *70* 年代提前了 *2～3* 岁。*1991* 年至 *1998* 年，*14* 岁以下的少年违法犯罪增加 *0.6* 个百分点。

我们来看一个案例：师生情是青少年感情世界中重要组成部分，然而，*12* 岁的初中一年级学生韩某，因违反学校纪律，受到班主任黄某的严肃批评和责罚，怀恨在心，萌生报复念头。*1991* 年 *9* 月 *12* 日，韩某采取欺骗手段将黄老师骗至公共浴室折磨致死。案件侦破了，但少年作案留给人们的思考是沉重的。

二是违法犯罪突发性强。青少年时期是人生从幼稚走向成熟的关键时期。青少年生理发育快，心理状态不够稳定，自我控制能力弱，容易冲动，遇到某种偶然事件的诱导和激发等情况，往往缺乏思考，不顾后果，违法犯罪。

我们来看一个案例：*18* 岁的孙开宝与卢某是邻居，*1995* 年 *2* 月 *3* 日，孙的妹妹在楼道炒菜时，因卢某之妻吐了口痰，而引发口角，继而厮打，孙从屋内拿刀，将卢某和卢妻弟分别捅死。孙被判处死刑。

三是团伙犯罪严重。团伙犯罪是青少年犯罪中常见的犯罪方式，占青少年犯罪的 *70%* 左右。近些年，青少年团伙犯罪出现了人数上升、活动地域扩大、组织日趋严密及受境外黑社会势力渗透和操作的新情况。

在某地中心小学有一些学生，经常伙在一起，干一些违法乱纪事情。2001 年 4 月 1 日下午，三年级组的秦某、石某、薛某、时某等 4 人从游戏机房出来后，撬开供销社仓库门，潜入房里偷窃自行车 2 辆、钢笔、收音机等价值千元的物品，后被派出所传讯处理。小小年纪，屡次偷盗，着实要让我们引以为戒。

四是暴力犯罪突出。近年来，在青少年犯罪中，暴力犯罪日渐增多。有的甚至泯灭天良，残杀亲人。暴力犯罪对人民群众的生命财产安全构成严重威胁。

母子情是人世间最宝贵的亲情，而这位 16 岁的陈某，因迷恋电子游戏机偷家里钱，母亲发现后严加管教，致其离家出走。后交坏人，遂萌生杀母之念。1997 年 4 月 14 日中午，陈在家中将其母亲勒死，陈某被判处有期徒刑 15 年。

青少年违法犯罪的原因

青少年违法犯罪原因，主要包括社会因素、学校因素、家庭因素和个人因素。

（1）社会因素的影响

近年来，受拜金主义、个人主义、享乐主义思想的影响，一些青少年形成了消极的人生观、扭曲的价值观、颠倒的荣辱观、错误的婚恋观，继而导致违法犯罪。从大量的青少年违法犯罪案例中可以看出，受不良文化影响并导致违法犯罪的情况触目惊心。不少人犯罪纯粹是对一些影视镜头的刻意模仿，尤其因"黄赌毒"而诱发犯罪的青少年则多为影视里花天酒地的生活方式所诱惑。涉嫌性犯罪的几乎全部观看过淫秽影碟或访问过色情网站。

一些腐朽的精神文化产品，严重败坏社会风气，毒害着人们的思想，腐蚀着青少年的心灵，严重诱发着青少年犯罪。如黄色、暴力、恐怖影视、书刊等导致犯罪。

娱乐场所不健康因素导致犯罪。

不良社会交往导致犯罪。某省少年乒乓球单打亚军李某，因父母离婚，渐渐无心学习，离开学校，受不良朋友的影响而吸毒，8 年来吸掉了 70 多万元。

（2）学校因素的影响

忽视学生思想品德、心理素质的培养。不少学校单纯追求升学率，放松对学生的法制教育和德育。

对"双差生"缺乏有效的教育手段。

学校周边不良环境诱发犯罪。

（3）家庭因素的影响。

家庭是社会的细胞，是青少年生活、学习、成长的摇篮，是青少年接触最早的社会关系，对青少年的心理及行为有着耳濡目染的影响。如果青少年失去家庭的关怀和温暖，容易滑向犯罪的深渊。1997 年 9 月，某市摧毁了一个平均年龄为 14 岁的 15 人犯罪团伙，其中 12 人来自单亲家庭。由于缺乏父母的关怀和教育，并受到社会上坏人的唆使，走上犯罪道路。

（4）个人因素的影响。

认识能力差，不辨是非。

逆反心理强，情绪偏激。

自控能力弱，易受诱惑。

道德水平低，行为失范。

法制观念淡，以身试法。

中学生刘某将同学孙某打成重伤，只因怕负担医疗费，竟然认为打死比打伤合算。于是将孙某活活打死，把尸体掩埋后逃离现场。

以上这些因素和案例，警示我们在净化社会环境的同时，应及时矫治青少年心理上的缺陷，加强人生观、世界观、道德观和法制观的教育，从根本上预防和减少青少年违法犯罪。

我国惩处青少年违法犯罪规定

（1）我国刑法对不满 14 周岁的人实施的危害社会的行为，依法责令其家长或监护人加以管教，在必要时也可由政府收容教养。

（2）已满 14 周岁不满 16 周岁，为相对负刑事责任年龄阶段，即对于《刑法》规定的八种重罪必须负刑事责任。这八种罪是：故意杀人、故意伤害致人重伤或死亡、强奸、抢劫、贩毒、放火、爆炸、投毒。

（3）已满 16 周岁，为完全负刑事责任年龄阶段。

预防青少年违法犯罪的主要措施

（1）社会预防。

加强社会主义法制道德教育，培养世纪新人。

积极开展各种活动，增进身心健康。板桥小学创办了少年警校，对青少年开展安全守纪知识教育，配备法制副校长，利用人力资源开展法制教育。

提供健康精神产品，净化文化娱乐场所。组织中小学生开展告别"三室一厅"活动，即：电子游戏室、录像放映室、台球室和歌舞厅。

创建"青少年维权岗"等，维护青少年合法权益。

（2）学校预防。

适应时代特征和青少年心理、生理特点，改进教学内容和教学方法。

加强学校法制教育工作，净化教书育人环境。

净化学校周边环境，创建安全文明校园。

（3）家庭预防。

提高家长素质，改进教育方法。创办"家长学校"帮助家长学习教育理论、家教方法，促进家庭和睦，减少家庭破裂。

加强代际交流，缩小代际差异。

引导子女慎重交友，增强自立意识。

注重子女品德教育，增强道德法制观念。

（4）自我预防。

一是自我教育，力行十戒。

二是自我规范，防微杜渐。青少年应培养自我保护的意识和能力，应自觉抵制有害健康成长的行为，做到"十不"。

三是自我预防，预防被害。青少年应该发挥自我防范和自我保护的能动作用，积极预防被害，保证健康成长。几种常见的自我防范类型是：钱包保管、拎包保管、自行车存放、家中安全、防抢劫、防骚扰、防奸淫、防拐骗。了解和掌握必要的防范知识，预防被害，也是广大青少年必备常识。

预防"黄赌毒"违法犯罪的实施方案

为深入学习贯彻胡锦涛总书记关于树立社会主义荣辱观的重要讲

话精神，进一步加强和改进大学生思想政治教育，特就开展廉政文化进校园，加强大学生廉洁教育预防"黄、赌、毒"违法犯罪，提出如下实施方案。

充分认识开展廉政文化进校园和大学生廉洁教育工作的重要意义

廉政文化具有十分丰富的内涵。廉政文化以廉政为思想内涵、以文化为表现形式，是廉政建设与文化建设相结合的产物。各学院要深刻认识全面开展廉政文化进校园和大学生廉洁教育的重要意义。要充分认识到，开展廉政文化进校园，加强大学生廉洁教育工作是建立健全党风廉政建设和反腐败长效机制的必然要求；是促进教育事业健康发展，建立社会主义和谐社会的要求；是加强和改进大学生思想政治教育，促进大学生健康成长的要求。

进一步明确开展廉政文化进校园和大学生
廉洁教育的指导思想、总体目标
和基本原则

指导思想是：坚持以邓小平理论和"三个代表"重要思想为指导，以科学发展观为统领，认真落实《实施纲要》，遵循学校的教育教学规律和大学生成长成才规律，坚持育人为本，德育为先方针，学校教育与自我教育相结合，在德育教育的大框架下，积极推进廉洁教育，因势利导，循序渐进，使大学生形成正确的价值观念和道德风尚。开展廉政文化进校园和大学生廉洁教育的总体目标是：按照反腐倡廉工作总体要求，以增强大学生的理想信念、道德观念、法制意识为重点，通过师德建设、学科渗透、主题活动、课外阅读、社会实践等形式，分层次、多渠道，积极开展全方位、多层次、宽领域的校园廉政文化建设活动，引导大学生遵纪守法，诚实守信、崇尚廉洁、以贪为耻，以"黄、赌、毒"为耻，培养正确的价值观念和高尚的道德情操，为将来服务社会、报效国家奠定坚实的人格基础。开展廉政文化进校园和大学生廉洁教育的基本原则是：坚持正确引导原则、可接受原则、心理保护原则和浸润原则。

积极探索开展廉政文化进校园和大学生
廉洁教育工作的途径和办法

积极推进廉洁教育进课堂工作。要发挥课堂教学在廉洁教育中的主渠道作用，把大学生廉洁教育引入教材、引入课堂。高校要积极创造条件，开设中国历史、文化、道德等内容的选修课，开办以弘扬廉政文化为主要内容的专题讲座。要把廉洁教育作为入党积极分子和党员培训班学习的重要内容。教师在教学过程中，要深入浅出、循循善诱，努力使廉洁教育入耳、入脑、入心。为实现大学生廉洁教育科学化、规范化和制度化，推进廉洁教育进课堂工作。

要把大学生廉洁教育与社会实践结合起来。要通过大学生"三下乡"、志愿服务、专业实习、社会调查、生产劳动等社会实践和公益活动，使学生在实践中心灵得到净化、思想得到熏陶、认识得到升华、觉悟得到提高。要把廉政文化进农村作为大学生"三下乡"活动的重要内容，促进廉政文化"进学校"与"进农村"有机结合。

要把廉洁教育与校园文化建设结合起来。在省教育厅、团省委2005年联合下发的《关于加强和改进我省高校校园文化建设的实施意见》（赣教社政字〔2005〕18号）中就明确指出，全省各高校在推进高校校园文化建设时，要结合党风廉政建设开展廉政宣传教育，在大学生中传播廉政知识，弘扬廉政精神，培育和建设廉政文化。校园文化建设对树立和弘扬廉政文化具有重要的作用。

要因材施教、因地制宜，注重大学生廉洁教育实效。要把树立和弘扬大学生廉洁教育的普遍要求与不同层次学生的具体情况有机结合起来，采取有针对性的方式方法开展教育，避免空洞说教。

要把大学生廉洁教育与学校教师队伍建设结合起来。师德和教师队伍素质的高低直接影响到大学生廉洁教育的效果和学生思想道德建设的水平。要严格加强对学生思想道德教育工作队伍的选拔和作用，加强对学生辅导员、班主任的思想政治、党风廉政的教育和培训，使其成为直接面对学生的弘扬廉政文化的表率和模范。

切实加强廉政文化进校园和大学生廉洁教育
工作的组织领导

加强组织领导，完善工作机制，形成统一部署，分工负责，优势互补，互相促进的工作格局。

加强领导，认真实施。学校要把校园廉洁文化建设作为思想道德教育的重要内容，列入议事日程。要加强领导，健全组织，明确责任，结合实际，认真部署。不断完善工作制度，健全机制体制，形成党委统一领导，党政齐抓共管，纪委牵头协调，党委组织部、宣传部、学工处、教务处、保卫处、校团委等部门分工合作、共同推进的宣教工作格局。

讲究方法，把握规律。要遵循大学生成长的规律，适应他们的身心发展特点和认知水平，使教育的内容和方式贴近生活、贴近大学生。

创新载体，务求实效。学校要结合各自实际，在坚持廉洁报告会、演讲、辩论、征文、宣传窗、书画展、文艺表演、新闻报道、故事会、社会调查等廉政文化建设有效形式的基础上，大胆实践，不断创新学校廉政文化建设的有效载体。

以点带面，有序推进。校园廉政文化建设是一项长期、系统工程，要确立试点年级、班级，探索廉政文化进校园的有效方法途径，总结试点经验，推动校园廉政文化建设的不断深入。

根治"黄赌毒"的对策

一个人的教育成长离不开家庭、学校、社会。因此，优化家庭环境、学校环境、社会环境，构建"家庭、学校、社会"三位一体的完整的教育体系，对于青少年远离"黄赌毒"，健康成长是关键。

优化家庭环境

优化家庭环境，让青少年在"第一课堂"接受良好的家庭教育。作为孩子"第一任老师"的家长，要充分认识家庭教育的重要性，切实承担起家庭教育的责任。

家长要树立正确的教育观、亲子观、成长观，营造良好的家庭氛围，增强家庭的凝聚力。应做到要求上宽严适度，目标上难易相当，方法上循序渐进。

优化学校环境

优化学校环境，充分发挥青少年教育的主渠道作用。学校和老师应牢固树立以人为本的思想，真正做到"一切为了学生，为了一切学生，为了学生的一切"。转变"应试"教育观念，全面实施素质教育。学校老师要为人师表，教书育人。

优化社会环境

优化社会环境，确保青少年健康成长。在优化社会环境方面，要做到"严打"与"严管"相结合，"教育"与"惩处"相结合。

所谓"严打"，就是公安、工商、文化等部门要充分发挥职能作用，对涉及"黄赌毒"的行为要依法严厉打击。所谓"严管"，就是要深入开展"扫黄打非"斗争，加强文化市场监管，坚决查处传播淫秽、色情、凶杀、暴力、封建迷信和伪科学的出版物，坚决查处含有诱发青少年违法犯罪行为和恐怖、残忍的有害内容的游戏软件产品，坚决查处宣扬色情、暴力的玩具、饰品，坚决截断色情口袋书、有害卡通画和淫秽光盘的销售渠道和网络。

所谓"教育"与"惩处"相结合，就是要一手抓教育，一手抓惩处。只要家庭、学校、社会共同努力，进一步完善"三位一体"的教育体系，就能够筑起一道抵御"黄赌毒"侵袭的牢固防线，让广大青少年健康成长。

预防"黄赌毒"的措施

我国现在正处在改革的攻坚阶段和发展的关键时期，社会情况比较复杂，青少年成长的社会、学校、家庭环境发生了很大变化，出现了许多影响青少年成长的新情况、新问题。加上长期形成的重学生文化成绩，轻学生道德品德提高的应试教育影响还未有根本性的改变。这些都容易导致青少年学生的价值取向发生偏差，走上违法犯罪道路，现在我国青少年犯罪呈逐年上升之势。

同时，由于家庭教育方法不当或娇惯溺爱、任意放纵或打骂等，都可能促使青少年走上犯罪道路。

另外，由于青少年学生是弱势群体，也容易成为犯罪分子侵害的对象。因此，加强青少年学生的"黄赌毒"预防教育，增强他们的自我保护意识，是全党全社会共同的责任。

"黄赌毒"预防教育，是全民法制教育和中小学素质教育的重要内容，是社会主义精神文明建设的重要组成部分。没有青少年法律素质的提高，就没有全民普法水平的提高；没有青少年法律素质的提高，就无法实施依法治国基本方略。加强法制教育，提高青少年的法律素质，把他们培养成合格的建设者和接班人，是学校义不容辞的神圣职责。

针对现在学生法制意识不够强的这一新情况，学校应注重加强对学生的"黄赌毒"预防教育，认真开展学生的"黄赌毒"预防教育工作。为增强"黄赌毒"预防教育的实效性，学校应制定如下计划：

　　以课堂教学为主渠道，切实加强对学生"黄赌毒"预防教育为充分发挥课堂教学主渠道作用，让"黄赌毒"预防教育进课堂、进头脑，学校要做到"两落实"，即落实课时、落实教师。

　　（1）根据不同年级不同学生的生理、心理特点及认识水平，将"黄赌毒"预防教育内容分解到各年级、各学期，做到年年有主题，月月有目标，实现教育内容的序列化。

　　（2）针对学生的学习和生活实际，选择典型案例或事例，激发学生主动参与，让学生用身边的事例学法、说法，充分调动学生的学习积极性，使学生想学、爱学。

　　（3）在教学中讲述一些做人处事的道理，教会学生如何保护自身合法权益，避免掉进"黄赌毒"的陷阱之中。

　　以"黄赌毒"预防教育为主线建立社会育人网络，拓宽教育渠道。

　　（1）在学校内部，要建立教育管理网络，形成教育四条线，即德育工作线、少先队工作线、教学管理线、后勤服务线，实行全体参与，全员育人。

　　（2）学校、社会、家庭紧密配合，建立起全方位的社会育人网络，从不同侧面，不同角度，对学生进行全方位"黄赌毒"预防教育渗透，形成强大地正向合力。

　　（3）是加强阵地建设，不断优化校园育人环境。学校要建立德育室、法制教育室，法制教育长廊，法制教育宣传栏、宣传橱窗、展室、板报等，充分利用广播、录像、图片等，进行法制宣传，使法制教育工作有声有色，形象感人，学生置身校园，时时处处都能受到潜移默化的影响。

　　（4）把"黄赌毒"预防教育纳入素质教育之中，与德育工作相结合，与社会实践活动相结合，组织开展系列活动。要充分利用"两会"（晨会、班会），"两活动"（队会活动、课外活动）进行"黄赌毒"预防教育。

（5）培养学生自我保护和自我约束能力。主动配合有关部门加强校园及周边环境治安综合治理，积极开展警校共建，建立健全校内外共同关心青少年学生健康成长的良好运行机制，把"黄赌毒"预防教育与公民道德教育、日常行为规范教育结合起来，培养现代文明学生。

总之，学校应增强"黄赌毒"预防教育的实效性，促进学生远离"黄赌毒"观念的形成，实现学生进行自我教育、自我管理、自我提高的目的，保持校园内正确地舆论导向，促进和推动"黄赌毒"预防教育工作和依法治校工作的开展。

网络"黄赌毒"的治理

互联网上"黄"色横行，"赌"气成风，"毒"品泛滥。网络是虚拟社会，但在现实中的真实犯罪就在以网络为载体传播。"黄赌毒"诱发的犯罪率逐年上升，且速度越来越快，青少年违法犯罪呈上升趋势。"黄赌毒"诱发犯罪，严重影响着广大青少年的健康成长，给家庭、社会带来不可想象的后果。

网络，简单地理解，就是利用服务器中的数据库对内容进行录入管理，再动态地从数据库中提取，然后根据事先约定的模板经接入服务系统显示到 Web（或 Wap）上，最后供上网者用计算机（或手机）中的 IE 进行最终的复制阅读，从而互相进行信息交换。概念中的"内

容录入管理和提取及事先约定的模板、计算机中的 IE 进行最终的复制阅读"等，其实就是软件的功能，因为它们都必须依靠软件支持才能完成。因此，网络主要是由服务器和数据库、宽带（广义就是接入服务系统）、软件、计算机（或手机）等四大部分组成。我们要治理网络，就从这四大组构着手，则能迎刃而解，水到渠成。

加强网民监督力度

服务器的使用对象就是网站。网站如果没有服务器，它想录入与输出的数据和内容就无法贮存，所以各县市级以上政府应该建立服务器备案制度和健全服务器的监管机制，制定和完善监管办法。

严格控制接入服务营运商不得为未经备案的服务器提供接入服务，严肃查处涉嫌低落、反动、欺诈、暴力、赌博等内容的服务器，尽可能从根源上消除不良信息和"病毒"；监管机构还应设立举报窗口，

通过各种传媒形式广而告知，公开接受广大网民举报监督，并对举报有功者给予一定程度的精神和物质奖励，促进网民监督力度，形成"病毒网页，人人监管"的局面。

开通"绿色上网"服务

我国网站接入服务商主要有"电信、网通、移动、联通"等四大机构。国家应出台"接入服务商'一把手'接入服务负责制，接入控制措施和奖罚条例"等政策法规，以至有效地斩截危害国家安全、破坏社会稳定以及淫秽色情等有害信息的传播途径，把好服务器接入。

同时接入服务营运商要不断更新相应的监控设备和技术手段，开通"绿色上网"服务和服务热线，为宽带用户过滤"黄赌毒"等网站，限制上网、聊天、游戏等时间，全方位保护网民的上网行为和净化网络空间。

开发"绿色"软件

引进和培养网络专业化技术人才，通过研制和开发先进的防范病毒传播和破坏计算机系统的软件技术，以源源不断的新成果，大力推广和应用到网络的各个领域，为加强对信息技术产品的监控与管理、拦截和过滤不良信息作坚不可摧的技术后盾。

此项工作职责应纳入科技和信息政府部门的行政管理职能中，以确保软件产业的发展、推广和应用。

总之，治理网络"黄赌毒"，必须依靠切实有效的政府监管机制和长期额度的政府投入，加强实施行业管理力度，号召和发动学校、家庭、社会以及广大网民参与治网，共同构筑一道强有力的"防火墙"，这样才能长而远地将网络的糟粕拒之"防火墙"之外！

第三章

校园防骗防盗防暴基本常识

校内诈骗主要手段

　　诈骗，是指以非法占有为目的、用虚构事实或隐瞒真相方法骗取款额较大的公私财物的行为。由于它一般不使用暴力，而是在一派平静甚至"愉快"的气氛下进行的，受害者往往会上当。提防和惩治诈骗分子，除需要依靠社会的力量和法治以外，更主要的还是青少年自身的谨慎防范和努力，认清诈骗分子的惯用伎俩，以防止上当受骗。

假冒身份，流窜作案

　　诈骗分子往往利用假名片、假身份证与人进行交往，有的还利用捡到的身份证等在银行设立账号提取骗款。骗子为了既能骗得财物又不暴露马脚，通常采用游击方式流窜作案，财物到手后立即逃离。还有人以骗到的钱财、名片、身份证、信誉等为资本，再去诈骗他人、重复作案。

投其所好，引诱上钩

　　一些诈骗分子往往利用被害人急于就业和出国等心理，投其所好、应其所急施展诡计而骗取财物。某学校应届毕业生丁某为找工作，经过人托人再托人后结识了自称与某公司经理儿媳妇有深交的哥们儿何某，何某称"只要交 800 元介绍费，找工作没问题"，谁知何某等拿到了介绍费以后便无影无踪了。

真实身份，虚假合同

利用假合同或无效合同诈骗的案件，近几年有所增加。一些骗子利用学校学生经验少、法律意识差、急于赚钱补贴生活的心理，常以公司名义、真实的身份让学生为其推销产品，事后却不兑现诺言和酬金而使学生上当受骗。对于类似的案件，由于事先没有完备的合同手续，处理起来比较困难，往往时间拖得很长，花费了许多精力却得不到应有的回报。

借贷为名，骗钱为实

有的骗子利用人们贪图便宜的心理，以高利集资为诱饵，使部分教师和学生上当受骗。个别学生常以"急于用钱"为借口向其他同学借钱，然后却挥霍一空，要债的追紧了就再向其他同学借款补洞，拖到毕业一走了之。

以次充好，恶意行骗

有些骗子利用教师、学生"识货"经验少又苛求物美价廉的特点，上门推销各种产品而使师生上当受骗。更有一些到办公室、学生宿舍推销产品的人，一发现室内无人，就会顺手牵羊、溜之大吉。

招聘为名，设置骗局

随着学校体制改革和社会主义市场经济的发展，学校学生分担培养费的比重逐步加大。为了减轻家庭负担，勤工俭学已成为青少年谋生求学的重要手段。诈骗分子往往利用这一机会，用招聘的名义对一些"无知"学生设置骗局，骗取介绍费、押金、报名费等。某学校几位学生通过所谓的"家教中介"机构联系家教业务，交了中介费后，拿到手的只是几个联系的电话号码，其实，对方并不需要家教，或者"联系迟了"，但要想要回中介费是绝对不可能的。

骗取信任，寻机作案

诈骗分子常利用一切机会与青少年拉关系、套近乎，或表现出相见恨晚而故作热情，或表现得十分感慨以朋友相称，骗取信任后常寻机作案。诈骗分子何某在火车上遇到某学校回家度假的学生杨某，交谈中摸清了该生家庭和同学的一些情况。何某得知杨某同班好友李某假期留校后，便返身到该校去找李某，骗得李某的信任后受到了热情款待。第二天，8个学生寝室遂被洗劫一空，而何某却不辞而别了。

识别常见的诈骗术

假冒身份，流窜行骗

诈骗分子利用虚假身份、证件等与人交往，骗取财物后迅速离开。且诈骗地点，居住地点不固定。

投其所好，引诱上钩

诈骗分子利用新生入学，学生人地生疏、毕业生择业心切等心理，以帮学生找熟人、拉关系为学生办事为由行骗。

招聘为名，设置圈套

诈骗分子利用大学生家住农村、贫困地区、家庭困难等条件，抓住学生勤工俭学减轻家庭负担的心理，以招聘推销员、服务员等为诱饵，虚设中介机构收取费用，骗人财物。

以次充好，恶意行骗

诈骗分子利用学生社会经验少，购买商品苛求物美价廉的特点。到宿舍或私定的场所销售伪劣商品，骗取钱财。

虚请家教，实为掠"色"

诈骗分子利用假期学生担任家教之机，以虚请家教为名，专找女学生骗取女生的信任，骗财又骗"色"。

精心策划，网上行骗

诈骗分子利用学生上网时机，在网上用假名交谈一些不健康的内容。之后打印成文找你恐吓：拿钱了事，不然就交 XX 地处理进行威胁，诈骗财物。

109

形形色色的校园诈骗案

假冒身份进行骗钱

这是诈骗分子常用的诈骗伎俩，作案人常假冒学生或者学生的亲友等，以落难求援或帮助他人的名义行骗。

2005 年 4 月 3 日下午 3 时左右，广州某大学学生黄某在广州百货大厦三楼，被三名学生模样的人拦住问，"您好，借你的电话 IC 卡用一下好吗？"得知黄某没有 IC 卡后，他们很不好意思地自称说是"北大"某学院的学生，来沿海地区考察掉队，不小心与老师失去联系，现在身无分文，并拿出自己的学生证给黄某看。好心的黄某直接将手机递给了他们使用。等电话打完后，他们说教师现在在北京，明天过来接他们；今天有很重要的资料要从广州这面传达到北京，而资料都存放在旧机场的计算机中心档案室内，需要花钱把它拿出来，希望得到黄某的帮助，并让所谓的老师打电话给黄某说钱会还的，让黄某不用担心。于是，黄某信以为真，倾囊而出，借 5000 元给了三名所谓的"北大"学生。为方便与黄某联系，还借了黄某的手机来用，第二天再一起归还。整个过程中作案人表现出极大的感激之情并努力从言谈中显示自己家境殷实等。事后，黄某才发现被骗。

拾物平分方式进行诈骗

这种诈骗手法比较老土、陈旧，但作案分子利用受害者的贪小便宜、财迷心窍的心理和特点实施行骗。

2005年7月6日下午4时左右，学生王某行走在校园内，突然发现前面一名骑单车的男子身上掉下一个钱包。王某马上喊道："先生，你掉了钱包。"但是该名骑车男子充耳不闻，一阵风就不见了。王某只好捡起钱包，这时从旁边走来一名女子，要求打开钱包看个究竟，发现钱包内有一大块金条并附有一张3万元的发票。于是，该女子要求与王某平分金条，王某看到这么大块黄金，又有发票为证，自以为不会有诈，于是以一万五千元人民币换取该金条。事后发现该金条是假的，后悔莫及。

以假手机掉包真手机的方式进行诈骗

这是社会上流行的一种骗术，该手段也渗透进了大学校园，使大学生深受其害，诈骗分子经常利用大学生思想单纯和贪图便宜等心理特点进行诈骗。

2005年10月13日上午，某高校学生宿舍管理员秦某在学生区值班巡查时，当他走到学生区某超市侧门时，旁边有一名矮个子中年人凑上前，问秦某："秦先生，你要三星牌带摄像头手机吗？很便宜的！才1600元。"秦某不为利诱所动，马上向保卫处报案。在报案时有一个高个子悄悄接近矮个子中年人，矮个子向高个子中年人手上塞了一样东西，高个子中年人立即向校园的门口方向逃窜。等接警人员赶到，马上将这两名嫌疑人带回保卫处调查。经询问，他们到校园内利用假手机进行诈骗，若受害人上当的话，马上用相同假手机调包真手机来骗取受害人的钱财。

假称学生发生车祸或疾病入院治疗需要费用的方式进行诈骗

近年来，针对外地学生家长进行的诈骗案件时有发生，给学生家庭造成巨大的经济损失。

2005年5月18日，某高校学生小陈接到一陌生电话，对方谎称："小陈，你好，我是省公安厅的办案人员，因办案需要，你要关闭手机3小时。"小陈信以为真，马上关机。之后作案人员自称某老师立即与小陈的家长通电话，称其子因突发疾病正在医院抢救，急需一笔钱支付抢救费用。当家人想与小陈联系证实时，小陈已经关机，救人要紧，家长马上向骗子的账户汇去人民币2万元。后来家长联系上小陈，才发现上当受骗。经了解，此类案件在广东轻工职业技术学院、广东商学院、广州体育学院等院校都曾经发生过。

以招聘为名设置骗局方式进行诈骗

随着高校体制改革和社会主义市场经济的发展，高校学生分担学费，勤工俭学已成为大学生求学的重要手段。诈骗分子往往利用这一机会，用招聘的名义对一些"无知"学生骗取介绍费、押金、报名费等。

2005年9月，某高校英语系学生小张在校园广告栏看到某信息咨询有限公司贴出的招聘广告后，决定应聘公司的兼职英文翻译岗位。经过简单面试，小张交了200元押金和咨询费，拿到一篇文章回去翻译。过了一个星期交稿时，小张得到了 30 元稿费，并又拿到稿件回去翻译。再过两个周，小张致电公司准备交稿，可电话怎么也打不通。赶到公司，却发现办公室里黑灯瞎火，问大楼的保安，说公司搬走好几天了，去向不详，小张这才发现被骗。

以次充好的方式进行诈骗

诈骗作案分子利用学生对鉴别商品质量能力差，"识货"经验少又图便宜的特点，上门推销各种产品行骗。

近日，某高校学生小王在校园内散步，见到一名推销二手手提电脑的男人，对方称，因手头紧，欲将一台硬盘为 40G 的手提电脑以2000 元的价格转让。小王想到手提电脑方便且价格便宜，当即要求对方拿出手提电脑进行一番鉴定，小王亲眼看见该款电脑的确是内存256M 的奔腾四机型，经过一番讨价还价最后双方以 1500 元成交。回到寝室后，小王找来计算机专业的同学鉴定，经检查，才知道这台手提电脑实际内存只有 16M，并且是淘汰了多年的奔腾二机型。按照现在的市场价，只值 600 元钱左右。据分析，可能是骗子在出售电脑前通过技术处理将原始数据保留，并偷改了程序后弄成这样出售的。

以骗取信任方式寻机作案

诈骗作案分子利用一切机会与大学生拉关系，套近乎，或表现出相见恨晚而故作热情；或表现出大方慷慨而朋友相称，骗取信任，了解情况，寻机作案。他们利用青年学生疏于防范，感情用事的心理特点进行作案。

2003 年寒假期间的一天下午，某高校大学生杨某正在宿舍学习，突然一位自称是北大学生的王某造访，他说："请问同学，小明在吗？"此时小明同学已经回家了，杨某出于礼貌，说："小明回家了。""啊，我是他的老乡，多年不见面了，这次顺路来看他一下。"王某主动与杨某攀谈，双方谈得很投机，大有相见恨晚之意。杨某还带王某在学校里参观，王某欣然应允。由于天色已晚，就将王某留在宿舍过夜。第二天杨某醒来时，发现宿舍内一片狼藉，王某已不辞而别，宿舍内的现金及贵重物品被洗劫一空。

以消灾解难的迷信方式进行诈骗

诈骗是一种高智商的犯罪，作案人善于察言观色，揣摩施骗对象的心理需要。他们常抓住受害人急功近利、焦虑等心理需求，以帮助消灾解难等为诱饵，设计骗局，达到其行骗目的。

2005年5月某日上午8时左右，某高校教工邓某准备去菜市场买菜时，在老人活动中心附近遇到一名中年妇女，该名妇女声称自己儿子得了重病，打听附近一位年过百岁的神医，找他帮自己的小孩治病。这时旁边出现一位"家庭妇女"说，这里确有这样一位百岁神医，并愿意带他们去找神医。邓某觉得很神奇，于是跟随看个热闹。在去见神医的路上，那名"家庭妇女"巧妙地打听出邓某的家庭情况，同时悄悄打电话告诉骗子妇女丙。三人到了一幢楼下，从楼梯走出一名妇女丙，妇女丙说："我家公子今天不方便见客。"然后指着邓某说："我公公说，你家有血光之灾，你家人将遭到车祸等灾难，必须将家中的财物拿来作法化解，化解完后，我一分钱不要，都将钱财归还给你。"同时，警告邓某拿钱财时不能告诉家人，否则就不灵验了。邓某信以为真，回到家里偷偷将钱财拿出来，交于对方"作法"，骗子利用调包等方式，骗去事主邓某人民币7000余元和金银首饰一批，三名女骗子拿到钱财后便逃之夭夭。

利用网络信息设局方式进行诈骗

随着网络的普及和高科技的发展，信息传播的速度和广度大大提高；由于网络信息的传播速度快，真假难以识别，犯罪分子利用这个特点，在网上设置骗局诱人上当。

2004年5月，对于面临毕业的大学生小陈来说，今年6月的英语四级考试至关重要，如果这次考试不能通过，按照学校的规定，就会拿不到学位证书。一直为考试发愁的小陈偶然听同学说，互联网上有人在卖四级考试的试卷。抱着试一试的想法，小陈在网上开始寻找，后来小陈花了300元钱在网上买了一份试卷，考试当天才发现自己上当受骗了。此外，一些诈骗分子还通过网络交友形式，对大学生进行骗财骗色，使学生蒙受精神和财物的巨大损失。

以手机短信形式进行金融诈骗

1. 以短信"中大奖"的方式进行诈骗

这些是十分拙劣的诈骗手法，但作案人利用现代化的通讯工具大面积地"播种"，总会有人上当受骗。

2005年3月15日，某学院本科生杨某，手机上接到一条短信："为庆祝本公司成立三周年，特举办抽奖活动，您被荣幸抽中为二等奖，奖金5万8千元，联系电话021－561298＊＊"杨某活了29年多都没中过大奖，一下子中了5.8万元，兴奋不已。于是，杨某根据手机上的电话号码拨打过去，对方说需交个人所得税5000元汇入被告知的银行账户上。不久，对方又来电话说还要交公证费 500 元，杨某又如数寄上。第三天，对方又来电话说还要寄邮费和保险费 800 元，杨某再次寄上。这时，他要交学费的钱已全部寄去了。杨某当时心里想5.8 万元的资金支付 6300 元的费用还是值得的。可是，对方从此没了音讯，这下杨某才发现上当受骗。

2. 以套取信用卡、银行卡资金方式进行诈骗

近期出现的诈骗分子利用手机短信实施金融诈骗的新方法，由于这类诈骗案手段迷惑性、欺骗性很强，已经有不少人上当受骗。

2005 年 4 月，某高校学生小宁的手机上接到一条短信，"中国建设银行提醒您：贵客户于 3 月 18 日在广百刷卡消费 5800 整，我们将于结账日给予扣除。如有疑问请咨询：020 - 615584＊＊。"

小宁心头一震，但疑惑胜过了担心。拨通咨询号码后，传来一个女人的声音："您好，这里是建设银行广州分行。"

"最近我没去过广州百货大厦，怎么会有那里的消费记录？"

"请问您的名字？我查询一下。"

沉默了几秒后，她迅速回答："查到了，你确实有消费 5800 元的记录。"

小宁焦虑地重申自己的确没有去过广百。

"您的身份证和银行卡是否丢失过？"

"也没有。"

"那只剩下一种可能了，建行工作人员泄露了银行卡信息。赶快向广州市公安局金融犯罪管理科报案吧！电话是 020 - 331672＊＊。"

小宁拨通这个号码，话筒里传来一个男声，"您好，这里是金融犯罪管理科。"

小宁向它讲述了自己的遭遇后，他肯定这是严重的金融诈骗，并

说："这两天，警方也在调查利用银行关系把客户资料泄密的犯罪。我们已经为您填写了备案单。如果有破案线索，会及时通知您的。"

这个男子同时提醒"为避免银行卡继续被消费，必须马上联系广东银联管理中心采取防护措施，电话是020－889847＊＊"。

最后这位"警官"叮嘱："如果你及时向银联报告，损失会由他们赔偿。"

小宁按照它提示的电话继续拨打，"银行管理中心"警告：小宁所有的银行卡可能都出现了问题。

"我们要为您刷新所有银行卡背面的二维码，再提供一个'安全账户'，银联就能通过计算机终端为您的银行卡消除风险。"

接电话的女子热情地说："您身上带齐银行卡了吗？找个自动取款机，然后再打电话给我，我教您操作。"

可怜的小宁按照"银联管理中心"的提示，将几张卡内的人民币17000多元转到骗子的账户上后才发现被骗。

校园诈骗案诈骗步骤

第一步

案犯假称来院找同学或朋友，打听该同学的系别或住处；之后再以手机没电或卡内无钱为借口，借用学生手机联系对方；随后又以对方手机关机为由，再借用学生手机联系其在家父母等亲人。

第二步

案犯以钱已用光或称行李被盗或称朋友急病住院为借口，要寄钱救急为由，向学生借用银行卡账号报给其亲人以便汇款（案犯有时还会许诺，可给予一定的报酬）。

第三步

案犯称钱已汇入账户，要学生多次在 ATM 机上查询（趁机在旁边暗记密码），再以账号是否报错为由，要学生拿卡来重报（用假卡调换学生银行卡）。

第四步

案犯以晚上银行网络已中断，或以有重要事情为由，明天再来，并提出借用手机一晚（以模型手机为抵押），引诱学生上当。

第五步

盗取学生手机、存款。

请同学们提高警惕，识别诈骗伎俩，小心受骗上当！

校园诈骗案的特点

校园诈骗案呈上升趋势，不少学生上当受骗。诈骗分子一般利用学生社会阅历浅、单纯善良、富有同情心的特点，或者利用学生家属救亲急切心理的特点，来编造谎言，虚构事实或隐瞒真相等方法骗取他人钱财。给社会造成极大的危害性。具体概括如下特点：

作案人员特点：内外勾结，团伙作案

鉴于当前校园诈骗案分析，犯罪手段基本相同，属于诈骗团伙作案。案犯经常变换人员组合，内外勾结，虚构事实，专到各校园进行诈骗。

作案时间特点：多选择傍晚

因为傍晚在校园人员较少，工作人员下班了，人的警惕性较低，辨别能力较差，看物件较模糊，容易以假乱真。选择傍晚作案，且难以识别，易于潜逃。

作案手段隐蔽性、复杂性、多样性

诈骗分子伪装身份，利用花言巧语、编造谎言，虚构事实或隐瞒真相等方法、手段，以行李被盗、银行卡被吞或手机没电博取他人同情，以求帮忙。或以消灾治病，或以发生意外事故需急救其亲人（学生）或以分享钱财、调换外币等为名骗取他人信任，进行诈骗，达到目的。

具有反复性、易得手、潜逃快的特点

诈骗分子一旦得手，会在同一校园多次作案，进行反复行骗，而且具有取证难、易得手、潜逃快的特点。

诈骗行为是违反国家法律、法规的行为

诈骗行为具体表现为违反国家法律、法规的行为以非法占有他人财物为目的，具有违法性和严重的社会危害性，严重影响学生的身心健康成长，和学生的学习、生活，扰乱社会经济秩序，具有社会危害性。

校园防骗的主要方法

受骗的原因

俗话说："贪小便宜吃大亏"。在发生的诈骗案中，受害者都是因为谋取个人利益，贪占便宜，轻信他人，而上当受骗。犯罪分子就是抓住了这些人的心理特点，进行诈骗的。

（1）"高攀门第"的心理。一些人沾染"拍马屁"的习惯，一见高级干部及子女的出现，就"顶礼膜拜、见之恨晚"，这样很容易成为诈骗的对象。

（2）"利令智昏"的心理。有些人见钱眼开、唯利是图、金钱至上、真假不分，眼睛只盯在"钱眼"上，警惕全无。

（3）"封建迷信"的心理。轻信"神"、"鬼"、"命运"。不相信客观实际，不懂装懂，轻易相信对方。

（4）"崇洋媚外"的心理。贪图享受，追求国外生活，上当受骗。

防骗的方法

（1）识破身份伪装。诈骗分子常常以各种假身份出现：国外代理商、XX领导亲属、华侨、军官等。有时用"托"称来人是XX首长乘XX高级车等。遇这种情况不要急于表态，不要草率相信，要仔细观察，从言谈话语中找出破绽，辨别真伪。

（2）识破手法变化。诈骗分子常常变换手法，如改变姓名、年龄、身份、住址等。此地用A名，换地用B名，而诈骗分子一身多职，时而港商、时而华侨、时而高干子弟、时而专家学者，但全是假身份。因此要发现对方多变的现象，从中引起警惕，找出疑点，识破其真面目。

（3）注意反常。如果您对犯罪分子仔细观察一言一行、一举一动，就会发现有反常现象：别人办不了的事他能办到；别人买不到的东西他能买到；别人犯法他能担保等。这些与常规差距很大，虚假性就越大。因此对这些谎言，要冷静思考识破骗局。

（4）当心麻醉剂。诈骗分子为了达到目的，有时也用害人本领，有时宴请、有时赠礼或投其所好，不惜花本，吃小亏占大便宜诱你上当。

（5）主动出击，打破骗局。请你通过犯罪分子的讲话口音、谈话内容以及对当地的风土人情、地名地点，对社会的了解等识破其真面目；从犯罪分子的举止行动、行为习惯、业务常识、所谈及人的姓名、职务、住址、电话等，判断其真伪；从身份证中核实其人，并千万牢记"没有免费的宴席，天上不会掉馅饼"。这样就能防止或减少被骗。

121

在此，我们提醒大家：在日常生活中，要提高防范意识，学会自我保护；谨慎交友，不以感情代替理智；同学之间相互沟通、互相帮助；遇有不明问题，充分依靠组织、老师和同学；自学遵纪守法，不贪占便宜。发现诈骗行为，及时报警。

校园诈骗的预防措施

提高防范意识，学会自我保护

社会环境千变万化，青年、青少年必须尽快适应环境，学会自我保护。要积极参加学校组织的法制和安全防范教育活动，多知道、多了解、多掌握一些防范知识对于自己有百利而无一害。在日常生活中，要做到不贪图便宜、不谋取私利；在提倡助人为乐、奉献爱心的同时，要提高警惕性，不能轻信花言巧语；不要把自己的家庭地址等情况随便告诉陌生人，以免上当受骗；不能用不正当的手段谋求择业和出国；发现可疑人员要及时报告，上当受骗后更要及时报案、大胆揭发，使犯罪分子受到应有的法律制裁。

交友要谨慎，避免以感情代替理智

人的感情是主体与客体的交流。既是主观体验也是对外界的反映，本身应该包含合理的理智成分。如果只凭感情用事、一味"跟着感觉走"，往往容易上当受骗。交友最基本的原则有两条：

一是择其善者而从之。真正的朋友应该建立在志同道合、高尚的道德情操基础之上，是真诚的感情交流而不是简单的利益关系，要学会了解、理解和谅解；

二是严格做到"四戒"，即戒交低级下流之辈，戒交挥金如土之流，戒交吃喝嫖赌之徒，戒交游手好闲之人。与人交往要区别对待，保持应有的理智。对于熟人或朋友介绍的人，要学会"听其言，查其色，辨其行"而不能"一是朋友，都是朋友"。对于"初相识的朋友"，不要轻易"掏心窝子"，更不能言听计从、受其摆布利用。对于那些"来如风雨，去如微尘"的上门客，态度要热情、处置要小心，尽量不为他们提供单独行动的时间和空间，以避免给犯罪分子创造作案条件。

同学之间要相互沟通、相互帮助

在大学里，无论哪个学院、哪个专业，班集体总是校园中一个最基本的组织形式。在这个集体中，大家向往着同一个学习目标，生活和学习是统一的同步的，同学间、师生间的友谊比什么都珍贵，因此相互间应该加强沟通、互相帮助。有些同学习惯于把个人之间的交往看作是个人隐私，但必须了解，既然是交往就不存在绝对保密。有些交往关系，在自己认为适合的范围内适当透露或公开，更适合安全需要，特别是在自己觉得可能会吃亏上当时，与同学有所沟通或许就会得到一些帮助并避免受害。

服从校园管理，自觉遵守校纪校规

为了加强校园管理，学校制订了一系列管理制度和规定。制度，总是用来约束人们行为的，在执行过程中可能会给同学们带来一些不便；但是制度却是必不可缺的，况且，绝大多数校园管理制度都是为控制闲杂人员和犯罪分子混入校园作案，以维护学生正当权益和校园秩序而制定的。因此，同学们一定要认真执行有关规定，自觉遵守校纪校规，积极支持有关部门履行管理职能，并努力发挥出自己的应有作用。

巧识校园诈骗术

校园诈骗案时有发生，为帮助学生有效识别诈骗手段，远离诈骗，记者对学校各宿舍区进行了走访，对当前校园诈骗现象的手段、方式进行了调查。归纳起来，校园诈骗的类型主要有：利用上进心进行诱骗；利用好奇心进行撞骗；利用同情心进行欺骗。

利用上进心进行诱骗

大学生，天之骄子，朝气蓬勃；对自己的未来充满了期待，除了努力学习专业知识以外，也在努力利用各种平台锻炼自己的综合素质。大学生常常利用课余时间及假期做兼职，一方面贴补生活费，另一方面也锻炼自己与人交往的能力。诈骗者会引诱大学生做其推销产品的代理，并向大学生们描绘一个"小投资、高回报"的美好前景。诈骗者很耐心、很"亲切"地鼓动大学生，直到说得大家都不想拒绝。

某大一新生，家庭条件并不富裕，为了能获得更多的兼职信息，就花了 99 元购买了一张'兼职卡',结果却迟迟没有获得兼职信息。其他类似的学生得到了兼职信息,但是找很久都没有信息上提到的地点。更有甚者,辛辛苦苦去做了兼职,但是,干完活却没有拿到工资。

国庆节期间,两中年妇女进入德馨苑的某宿舍,向宿舍仅有的两名女同学推销兼职代理。借口是厂家为调查一些文具的销售情况,廉价批发给大学生一批文具,大学生可按市场价格进行销售,期限一月,在此期间的文具未卖完的可如数退还,所得利润归学生所有。因为价格十分诱人,还可以打发国庆节 7 天假期。所以,部分同学冒险订购了价值二千五的货物。学生在没验货的情况下高兴地把"财富"背回宿舍。回到宿舍发现,产品数量不对头,总价值绝不超过五百元……

利用好奇心进行撞骗

年轻的大学生们充满着好奇心,对很多新鲜事物都想尝试。诈骗者利用学生的好奇心,推销时下流行的事物,并故意用一些学生听不懂的字眼描述推销的产品,或者编造故事,导致学生上当受骗。

某大学学生,突然收到一条短信息,说学生已经中奖,只需回复便可领取一个很精美的奖品。学生在没有提防的情况下,下意识地回复了信息。结果,手机里的话费瞬间消失。

2010 年某天,一背包男悄然闪入一男生寝室,并神秘地关上门。之后据他自我介绍为一小偷,帮人出售电脑,但主要目的是想借此找到渠道出手自己在异地的一批"二手"自行车。当时男生寝室大多还没买自行车,对他描述的"好"自行车比较向往,但车在邻市,要的话可以运过来,但为了防止该寝室学生"告发"他,需要大家"绑在一条线上",方法就是出抵押金,买它包里的几双"乔丹"据称纪念版篮球鞋，并称自行车在一周之内送到。该寝室男生凑齐几百元钱买了几双并不合脚的球鞋，苦等自行车，至今未果。

利用同情心进行欺骗

人之初，性本善。大学生们有着年轻人的热情，强烈的好奇心，同时也极富于同情心。诈骗者编造悲惨身世、绑架、交通事故、住院等名目博取大学生同情，进而进行诈骗。

火车北站公交站口，一个衣衫褴褛的人跪在地上，前面写着一行字：车上遇到小偷，钱币全部丢失，请好心人捐几块钱自己凑着回家。围观的人数众多，不知情的人想知道怎么回事。知情的人却在做起了自己的手脚，很多围观的人挤出人堆，却发现自己的手机或者钱包等贵重物品丢失了。丢失物品的人，很多都是我们大学生。

有的骗子自称医护人员，通过不明途径联系到学生家长，编造其子女突遇车祸，处于昏迷状态，现正在医院抢救，急需用钱，要求家长立即通过其提供的银行账号将款汇来。某重点大学经贸学院 2003 年就有 4 位同学的家长先后收到此类信息，所幸家长及时和学生进行联系，揭穿了骗局。

提高防范意识，学会自我保护

大学从来不是孤立于社会而存在的。社会治安的日趋复杂，形形色色的违法犯罪分子都会在思想单纯，涉世未深的学生身上打主意，因此，我们要加强反诈骗意识，与违法犯罪行为作坚决的斗争，确保自己的人身安全。

大学生们要在日常生活中多学习法律法规，掌握一些预防受骗的基本知识和技能；对自己严格要求，不贪图私利，不感情用事，增强抵制诱惑的能力；保持清醒的头脑，认真审查对方的来历，观其行，辨真伪，三思而后行；不轻易向陌生人透露个人信息资料，做好自我保护。

校园注意防盗现象

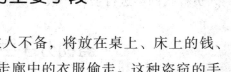

校园容易发生盗窃的地方

（1）学生宿舍。学生的现金、贵重物品、生活用品主要放在宿舍里，宿舍是最容易发生盗窃的场所。有些同学缺乏警惕性，安全防范意识太差，如：有的同学看到陌生人在宿舍里乱窜漠不关心，有的同学随便留宿外人或出借钥匙等。

（2）教室、图书馆、食堂、操场、浴室等公共场所。学生的现金、贵重物品、学习用品放在书包里，书包放在教室、图书馆、食堂，人离开了，发生被盗。贵重衣服、物品在锻炼身体时放在操场上；在洗澡时放在浴室的衣柜中，也容易被盗。

盗窃作案的主要手段

（1）顺手牵羊。盗窃分子乘主人不备，将放在桌上、床上的钱、手表及文具等或者将晾晒在阳台、走廊中的衣服偷走。这种盗窃的手段，不用撬门，不用撬窗，非常方便，所以叫"顺手牵羊"。

（2）溜门盗窃。盗窃分子乘室内无人之机房门未锁，溜进门来，将室内的现金、存折、信用卡、手机、照相机等贵重物品盗走。这种手段速度非常之快，甚至不到一分钟就可以完成。尤其是盛夏季节，夜间睡觉图凉快不关门，小偷趁机入室偷窃"浮财"。我院曾有一男生宿舍 3 位同学的衣物里的钱全部被盗走。

（3）窗外钓鱼。盗窃分子乘室内无人或室内人员睡觉之机，用竹竿、木棍等工具在窗户外边，将室内的衣服等物品钩走。

（4）翻窗入室。盗窃分子乘窗户敞开之机，割破纱窗，进入室内盗窃。我院曾有 3 次从窗户进入女生宿舍进行盗窃的案例。2004 年 3 月 8 日凌晨 3 点，窃贼爬入 3 公寓女生宿舍楼 208 室阳台，因窗户封着无法进入，随后窜到 206、210、212 室进行盗窃，共盗走手机及充电器一部、衣服一件、现金 93 元。

（5）撬锁入室。盗窃分子乘室内无人之际，撬坏门锁，入室盗窃。

（6）先盗钥匙，再盗物品。盗窃分子乘人不备，在宿舍等处偷来钥匙，或在图书馆、教室、食堂等公共场所，先从书包中盗窃学生的钥匙，然后尾随学生认清他的宿舍，再乘宿舍无人之际用钥匙开门，进行盗窃。

除上述六类外还有偷配钥匙预谋行窃的，也有以找人卖东西等名义混入宿舍相继行窃的等等。2003 年 9 月，我院 5 公寓混进两名校外人员称找同学进行盗窃，被当场抓获。

盗窃分子主要作案时间

盗窃是用不合法的手段秘密地取得他人财物。因而盗窃分子必然要回避人，尽量不让人发觉。一般来说，盗窃分子在作案时间上有如下规律：

（1）上课时间。上课时间学生大都去上课，特别是上午一、二节课，宿舍内几乎空无一人，是盗窃分子的可乘之机。

（2）夏秋季节。天气炎热，许多学生敞开门窗睡觉，为盗窃分子大开方便之门。

（3）新生入学、老生毕业之际。天南海北的新生，带来数千元的学费、生活费来到大学，对大学情况尚不了解，加上缺乏生活经验，警惕性不高，也是犯罪分子的可乘之机；老生毕业时，宿舍内进进出出的人较多，卖旧书、卖生活用品，收购废品的人也较多，学生忙于离校，警惕性放松，也容易发生被盗。

（4）放假前后。放假前，学生忙于复习考试，精力集中在学习上。这期间家里寄来路费，学生手中的现金较多。放假期间，绝大多数学生回家，宿舍内人员很少，犯罪分子撬锁作案的比较多。开学后，学生带来现金较多，稍有疏忽，也易被盗。

（5）早操时间。早操时间一些同学不愿起床睡意朦胧时，给溜门盗窃分子提供了可乘之机。

校园盗窃方式及手段

纵观以往发生在校园的盗窃案件，可以看出盗窃分子在作案前或作案过程中往往有种种活动，供我们识别。

借口找人，投石问路

外来人员流窜盗窃，首先要摸清情况。包括时间、地点、治安防范措施等。往往以借口找人为由打探虚实，一旦有机会就立即下手。

乱闯乱窜，乘虚而入

有些犯罪分子急于得到财物，根本不"踩点"，而是以找人、借东西为由，不宜下手就道歉告退，如有机会立即行窃。

见财起意，顺手牵羊

有些偶然的机会，使盗窃分子有机可乘。看见别人的摩托车、自行车没锁，顺手盗走。趁宿舍内无人，将他人放在床上的钱物窃为己有。

伪装老实，隐蔽作案

个别人从表面看为人老实，工作、学习积极，实为用此作掩护，作案后不会被人怀疑。

调虎离山，趁机盗窃

有些人故意提供虚假"信息"诱你离开宿舍，然后趁室内无人行窃。

浑水摸鱼，就地取"财"

宿舍内发生意外情况或学校组织大型活动时，乘人不备，进行盗窃。

里应外合，勾结作案

学校学生勾结外来人员，利用学生情况熟的特点，合伙作案。

撬门拧锁，胆大妄为

不法分子趁学生上课、假期宿舍无人等时机，大胆撬门拧锁，入室盗窃。

校园的防盗办法

盗窃，这一社会普遍现象，在高校中更是猖獗，给同学们的日常生活带来不便，对同学们的财产造成威胁。下面为你介绍一些防盗知识，同时也分享一些同学的经验与教训。

宿舍防盗

离开宿舍时，哪怕是很短的时间，都必须锁好门，关好窗。一定要养成随手关灯、随手关门、随手关窗的习惯，以防盗窃犯罪人乘隙而入。

不要留宿外来人员。大学生应该文明礼貌、热情好客，但不能讲义气、讲感情而不讲原则、不讲纪律。如果违反学校学生宿舍管理规定，随便留宿不知底细的人，就等于引狼入室，将会后悔莫及。

发现形迹可疑的人应加强警惕。作案人宿舍行窃时，往往要找各种借口，如找什么人或推销什么商品等，见管理松懈、进出自由、房门大开，便来回走动、四处张望、伺机行事，摸清情况、瞅准机会后就撬门拧锁大肆盗窃。遇到这种可疑人员，同学们应主动上前询问，如果来人说不出正当理由又说不清学校的基本情况，疑点较多，神色慌张，则需要进一步盘问，必要时还可以请他出示身份证、学生证、工作证等身份证明。经核实身份无误又未发现带有盗窃证据的，可交值班人员记录其姓名、证件号码、进出时间后请其离去。如果发现来人携有可能作案工具或赃物等证据时，可一方面派人与其交谈以拖延时间，另一方面打电话给学校保卫部门尽快来人做调查处理。

注意保管好自己的钥匙，包括教室、宿舍、书包、抽屉等处的钥匙，不能随便借给他人或乱丢乱放，以防"不速之客"复制或伺机行窃。如钥匙丢失，应及时更换新锁。

集体午休时插好房门，以防外人进入。若想开门窗，必须提高警惕，要将手机等贵重物品放在别人不易发现、不易偷走的地方。

教室（自习室）防盗

人离开图书馆、自习室等公共场所时把贵重物品随身带走，或交可靠的同学照管，以免被犯罪分子乘机窃走。

尽量不要在书包内存放大量现金和与学习无关的贵重物品，以减少别人的注意力。

不要用书包占座，尽量用没用的册子。

教室较空却有陌生人主动在身边就座时，应将书包放至身体内侧视线范围内，以免被顺手牵羊。

公共场合防盗

同学外出采购、游玩尽量不要携带大量现金和贵重物品。如带的钱款较多，最好分散放置在内衣袋里，外衣只放少量现金以便购买车票或零星物品时使用。

外出时，不要把钱夹放在身后的裤袋里。乘公共汽车时不要把钱或贵重物品置于包的底部或边缘，以免被割窃走。在拥挤时，包应放在身前。无论是吃饭购物或拍照时，包不能离身，至少不能脱离视线，以免因疏忽被人拎走。

用餐时，不要将自己衣服连同衣服内的现金披挂在靠背椅上；中途要上厕所或办其他事宜，要随身携带好自己的皮包，不要留置在餐桌现场。

特殊物品防盗

现金是一切盗窃分子图谋的首选对象。最好的保管现金办法是将其存入银行。尤其是数额较大时，更应及时存入银行并加密码。密码应选择容易记忆且又不易解密的数字，千万不要选用自己的出生日期做密码。一旦存折、信用卡丢失很容易被熟悉的人冒领。同时如身份证与存折、信用卡一同丢失时，也很容易被人冒领。特别要注意的是，存折、信用卡等不要与自己的身份证、学生证等证件放在一起。在银行存取款或在自动取款机取款时要注意密码的保密。发现存折、信用卡丢失后，应立即到所存银行挂失。

目前，学校已广泛使用各种有价证卡，如买饭用卡、电话用卡各种卡。这些有价证券卡应妥善保管，最好是放在自己贴身的衣袋内，袋口应配有纽扣或拉链。所用密码一定要注意保密。在参加体育锻炼或沐浴时，应将各类有价证卡锁在自己的箱子里，并保管好自己的钥匙，一定不要怕麻烦。

自行车被盗是社会的一大公害。校园内也不例外。买自行车时一定要到有关部门办理落户手续。购买别人的二手车时一定要购买证照齐全的。自行车要安装防盗车锁，并按规定停放，养成随停随锁的习惯。骑车去公共场所，最好花钱将车停放在存车处。如停放时间较长，最好加固防盗设施，如将车锁固定在物体上。

发生盗窃案件的应对方法

立即报告学校保卫部门，同时封锁和保护现场，不准任何人进入。不得翻动现场的物品，切不可急急忙忙地去查看自己的物品是否丢失。否则，不利于公安人员准确分析、正确判断侦察范围和收集罪证。

发现嫌疑人，应立即组织同学进行堵截，力争捉拿。

配合调查，实事求是地客观回答公安部门和保卫人员提出的问题。积极主动地提供线索，不得隐瞒情况不报。学校保卫部门和公安机关有义务、有责任为提供情况的同学保密。

校园防盗基本方法

防盗的基本方法有人防、物防和技防三种。其中，人防是预防和制止盗窃犯罪唯一可靠的方法。人防首先是自防，中小学生自我防范意识比较差，没有多少防范经验，很多作案者都是利用了人们防范意识差和麻痹大意的弱点。学校要经常对学生进行防盗和法制教育，不断提高学生的防范意识和法制观念，形成人人能自防、人人都能防的氛围。同时也要加强宿舍管理和门卫管理，宿舍和门卫管理松懈容易给不法分子可乘之机。物防，是一种应用最为广泛的基础防护措施。而技防，则是可即时发现入侵、能够替代人员守护且不会疲劳和懈怠、可长时间处于戒备状态的更加隐蔽可靠的一种防范措施。物防和技防能够比较有效地防范学校夜间的盗窃行为，最大限度地保护学校的财产。对于学生来说，最重要的是保护好自己和同学的财物。这不仅是个人的事，而且也是全宿舍、全班乃至全校学生共同关心的大事。学生宿舍的防盗工作，要注意做到以下几点：

最后离开宿舍的同学，要关好窗户锁好门，千万不要怕麻烦。同学们一定要养成随手关灯、随手关窗、随手锁门的习惯，以防盗窃犯罪分子乘虚而入。

不留宿外来人员。学生之间不能只讲义气、不讲纪律。如果违反学校宿舍管理规定，随便留宿不知底细的人，很容易为人所侵，造成严重后果。

发现形迹可疑的人应加强警惕、多加注意。作案人到办公室和宿舍行窃时，往往会打着某种借口并趁机观察形势，一旦发现管理松懈，便会伺机行事。遇到这种情况，无论是同学还是老师都应主动上前询问，并请他出示相关证件，交由值班人员记录。如果来人神色慌张或左右支吾、闪烁其词，可一方面派人与其交谈，另一方面通知学校保卫部门尽快来人做调查处理。

要安排好办公楼和宿舍等部位的安全巡视，协助学校保卫部门做好安全防范工作。

注意保管好自己的钥匙及贵重物品。

对于学生来说，最重要的是做好教室和学生宿舍的防盗工作，保护好自己和同学的财物。对于老师来说，在上课和离校时要注意检查和保管好自己的贵重物品。这不仅是个人的事，而且也是身边所有人共同关心的大事。

校园防盗的措施

校园里的宿舍、教室、食堂、体育场、英语角等处属易发生盗窃案的地点。但民警发现，大多数学生被盗案件都是可防的，只要同学们提高防范意识，不给不法分子可乘之机就能有效避免盗窃案件的发生。

宿舍不锁门爱招溜门贼

溜门贼可能以不同的身份混入学生住宿楼，推门发现屋里有人时，他们会借口回避。一旦屋里没人，就迅速下手顺走手机、笔记本电脑、MP3 等。有些轻车熟路的老贼作案时根本不会惊动闷头睡觉或伏案写作的同学。

防范小招：门前挂风铃，用风铃的响动提醒同学们有人进出宿舍；经济条件许可的情况下，安装笔记本电脑锁，固定锁的两端，防止笔记本电脑"一抄就走"；将贵重物品锁进抽屉里。

不用生日当密码

为了方便记忆，一些同学将自己的银行卡密码设置为 6 个 8、6 个 6、6 个 0 或者干脆输入自己的生日，这样做是很不保险的。与同屋好友闲聊中透露银行卡密码就是自己的生日时，极易形成隐患。警方提示，尽量不要用自己的生日当银行卡密码，即使与好友闲聊也不能暴露密码内容。

酒瓶倒置防贼钻窗、溜门

一些同学为了纳凉晚上睡觉不关窗户，嫌疑人就趁机攀爬至阳台钻窗潜入宿舍行窃。警方提示，夜间睡觉最好锁好门窗，睡前要把笔记本电脑、相机、手机等贵重物品放到抽屉或书柜中妥善保存。窗台、门后上可以放置一个倒立的酒瓶或易拉罐，防止钻窗贼入室行窃。

教室防盗贵重物品不离身

一些同学上课或自习时有边听 MP3 边敲键盘的习惯，等课间打水或上厕所时，同学离开教室却把笔记本电脑和 MP3 留在课桌上，这也给不法分子提供了可乘之机。

警方提示：笔记本电脑课间时携带不方便，因此尽量不要将电脑带进教室，如学习需要必须要带，最好把电脑装入电脑包随身携带，而像 MP3、手机等小物品一定要做到不离身。

食堂防盗别拿书包占座位

学生食堂是校园里人员密集且复杂的场所之一，特别是中午和晚上就餐高峰时，学生占座的现象极为普遍。有的同学看见空座位就迫不及待把书包往座位上一扔就忙着到窗口排队去了，还有的同学只顾吃着可口的饭菜而把书包随意放在身后，因而极易发生拎包盗窃案。

从以往校园案件中，民警发现同学之间经常因占座发生纠纷，警方提示，同学们最好不要占座，由于校园餐厅绝大部分座位安排都是背靠背坐式，因此同学们在就餐时，要尽量把书包放在怀里，防止嫌疑人从背后行窃。

体育场防盗看好你的小物件

有的同学喜欢边听 MP3 边散步或做一些舒缓运动，但看见其他同学踢球或打篮球时又非常愿意加入。此时，就把 MP3 或手机等随身携带的小物件放在自认为没人注意的犄角旮旯。

什么叫校园暴力

校园暴力包括发生在校内、上下学途中，学校组织的活动及其他所有与校园环境相关的暴力行为。主要表现有：学生之间的暴力、教师体罚学生，或学生对教师施暴校外人员对校内师生施暴。

暴力方式包括躯体暴力（推、打、踢、撞及其他可导致疼痛、伤害、损伤的攻击行为）、言语或情感暴力（威胁、恐吓、歧视性辱骂等）和性暴力（各种形式的性骚扰、性侵犯）。

该定义的性质和内容和以往常用者显著不同。过去常用两类定义：专指学生打架或教师体罚学生，局限于教育学领域。

等同于"儿童欺负行为"，即承认它是不良行为，但单纯起因于双方力量的不平衡而表现出的"恃强凌弱"；换言之，它和其他暴力有别，只是儿童不成熟个性的反映，外在表现为攻击，内在动机却是自我保护的本能。

然而，伴随近年来全球暴力事件的普遍化、严重化，多数学者已认识到：发生在校园或以其为媒介的社交群体内的欺负行为，实质上是暴力的前奏，因为既然"欺负"是力量强一方在未受激惹情况下，对弱一方进行的重复攻击，就是一种非社会规范的、对他人的有意伤害。

在各种环境因素影响下，该欺负行为可演化为有针对性的，不仅破坏教学秩序，干扰他人学习生活，而且导致身心伤害的严重事件。

青少年是校园暴力的高危人群。伴随青春期发育，体能增强，行为能力提高，但情绪不稳定，易受蛊惑，加之同伴影响力增加，反权威、寻求独立等特征，青少年最易成为暴力的受害者，往往同时也是暴力的始作俑者。学生是青少年的主体，其成长过程高度依赖于学校环境。探讨校园暴力行为的表现及其动机，采取有效的干预措施，预防其发生、发展，对保障我国亿万青少年的健康成长有重要意义。

校园暴力的表现

学生之间的施暴行为

从鸡毛蒜皮的小事开始形成对立，吵嘴、攻击甚至大打出手。

报复，如因同学举报自身不良行为，或因玩笑、言语不和以及财物借贷等纠纷，或嫉妒他人成绩，用暴力方式报复。

恃强凌弱，如对低年级学生、身体弱小者拳打脚踢；在校内外调戏、骚扰女生；索要钱财，不给就打，给对方带来巨大身心压力。

拉帮结派，聚众闹事，打群架。

使用残忍手段（用刀棍暴打、泼硫酸毁容等）导致对方死亡或伤残，是校园暴力最严重的表现。事件多属个体行为，但影响恶劣深远。

师生之间暴力事件

以往主要表现为教师体罚学生，教职员工对女生进行性侵害等。近年来，随着对教师暴力行为惩治力度的增强，这类行为明显减少。相反，教师因处理学生纠纷、评分等引起争议而遭学生围攻、殴打的事件却明显增加。各地报刊不时有教师与学生争吵，遭学生围攻，被殴打致伤残的报道。日本自 1962 年以来，每年都会发生中学生毕业典礼后集体对教师施暴的事件。

校外人员闯入暴力事件

如父母离异，到校抢夺子女；父母欠债，讨债人到校将学生扣为人质；因教师管教学生或学生之间纠纷，家长到校与师生发生冲突；流氓入校寻衅，调戏女生，破坏公物，收取"保护费"等事件。

校园暴力的发展趋势

近年来，全球校园暴力呈现以下流行特征：

每年死于他杀的学龄儿童少年约占 5～19 岁人群总数的 1%，其中直接死于校园暴力的比例持续上升。

除躯体暴力外，越来越多的国家将言语暴力、情感忽视等也纳入校园暴力范畴。据 WHO 对 48 个国家资料的统计，各种形式校园暴力的年发生率高达 60%。其中，言语暴力比例最高，达 48%；躯体暴力为 31%；性暴力为 20%；抢劫为 25%。

躯体施暴者 60% 来自同学，另外分别有 20% 来自教职员工和校外人员。

各类施暴者男性都多于女性，其中躯体暴力发生率男、女之比为 4：1；与男生好动、易冲动、处事不冷静、做事常不考虑后果等特征有关，受害者也以男生居多。

女生是性暴力的主要受害者，但小学男生受成年男子猥亵、性侵犯的现象也不容忽视。

暴力致命伤42%发生在学校建筑内，31%发生于校园中，10%发生于上下学途中，15%发生于校外。教室、走廊、厕所、回家路上多发，后两者是学校安全管理的薄弱环节，事件恶性度高。

校园暴力的后果符合伤害一般规律，死亡、伤残、受伤之比约为1：25：1020。因此，预防校园暴力更多关注的应是那些虽未致死，但对身心健康造成不同程度的即时或深远伤害的群体。

校园暴力和人类许多行为不同。它并不伴随社会经济的发展、文明程度的提高而下降；恰恰相反，呈明显的普遍化、严重化趋势。以美国为例，二战前最多见的学生违纪行为是不排队、嚼口香糖、发出噪音、乱丢纸屑等。进入20世纪80年代后，吸烟、酗酒、吸毒、少女妊娠、躯体暴力等开始泛滥；近年来频发的校园枪击事件更令世界震惊。1997年肯塔基州尤卡市希恩中学学生卡尼尔用大口径手枪连杀3名同学，伤5名。阿肯色州琼斯伯勒市11岁的戈登伙同一同学用枪扫射，当场打死5人，伤10人。美国校园史上最残忍的血案是发生于1999年哥伦拜恩中学的枪击案，死13人，伤23人。在对枪支实施严格管理的欧洲和澳大利亚，发生在校园中的暴力行为严重程度并不亚于美国。日本校园中以大欺小、动刀伤人的事件每年都在2000起以上。发生在非洲、东南亚一些学校中的帮派斗殴、侵犯女生、暴力伤害等事件也逐步上升。我国的校园暴力事件，严重程度明显较轻，但其危害不容轻视。

发生率高。中小学生躯体暴力事件的年受害率波动在35%左右，属世界中等水平。

言语暴力、情感忽视造成的学生心理不安全感相当普遍。

15～24岁犯罪占全国刑事犯罪总数的55%。每年非正常死亡学生约1.6万人，其中死于躯体暴力者比例逐步上升。近年来，一些校园暴力新的发展趋势令人担忧：施暴者明显低龄化，团伙性。受影视中"帮派""行会"影响，在校园中拉帮结派、斗殴打群架，致使暴力活动规模化、组织化，暴力事件复杂化、预谋化和智能化程度上升。恶性化。通常起因于小事，因丧失理智、一念之差而铸下大错，手段则比以往的小打小闹残忍，常导致严重伤害。

校园暴力的危害

身心伤害

校园暴力最显而易见的后果是不同程度的躯体损伤和残疾。然而，更严重的暴力伤害往往表现为心理上的"创伤后应激障碍"。PTSD 主要表现为易怒、焦虑、沮丧，学习效率低，成绩下降，甚至拒绝上学；突然沉默寡言、孤僻古怪；因无法承受压力而发生自伤、自残和自杀行为。美国某长期追踪调查发现，PTSD 少年产生自杀意念者男、女分别为 35.2% 和 31.7%，出现自残行为分别为 5.7% 和 9.5%，都显著高于对照组。

丧失安全感

"马斯洛需求层次"中，生理需要层次最低，而安全需要层次最高。即使生理需要有充分保障，若无安全感，儿童就不能实现身心的健康成长。受到暴力欺负，极易产生挫折情境。丧失安全感，常表现为：

人际关系紧张，焦虑、抑郁水平高，缺乏自尊和自信。

经常处于被欺凌的恐慌中，伴随紧张烦恼、焦虑等情绪反应。长期受欺凌，将产生持续的挫折行为，逐步固化。受害儿童从小接受恃强凌弱的暴力意识，导致他们有力量后去欺凌比他们弱小的人，甚至引发成年后虐待家人、儿女，或发生其他犯罪行为。

恶劣的社会影响

校园暴力破坏教学秩序，危害师生安全，使学生和家长对学校产生不信任感。暴力频发的学校往往吸烟、酗酒、物质滥用、性侵犯等事件也多见。美国许多家长为躲避校园暴力，宁愿节衣缩食，把孩子送到学费高昂的私立学校。日本在经济衰退、校园暴力猖獗的双重压力下，青少年自杀率猛增。频发的校园暴力事件直接导致生活质量下降，社会福利负担猛增，劳动生产率下降，对社会安定的破坏力很大。

校园暴力的预报因素

要对校园暴力采取有效的干预措施，关键之一是获得准确的基线调查数据。由于校园暴力行为本身的特殊性、敏感性，调查难度很大。所幸许多追踪、队列研究都证实，校园暴力和青少年健康危险行为之间存在着非常密切的关系：

男生的酗酒、逃学、打架、携带武器或打斗用具，女生的人际关系差、低自尊、成绩不良、家庭约束力低、焦虑情绪等，都和校园暴力行为高存在相关。

许多危险行为之间存在密切关系，突出表现在个体的多发性、群体的集聚性等方面。美国经常携带刀具上学的青少年，80%以上曾醉酒，60%左右曾经或正在吸毒，84%曾在校内外打过人，其中多数人有突出的"以暴制暴"心理动机。因此，目前越来越多的国内外学者倾向于将一些青少年健康危险行为作为校园暴力的早期预报因子，通过问卷调查了解行为表现，早期发现高危者，监控其暴力倾向并及时干预，预防校园暴力事件发生。

但是，青少年健康危险行为调查并不具备万能的预报作用，原因是：

问卷所发现的主要是各健康危险行为之间的伴随关系，而非因果关系。

问卷只描述行为的发生，无法了解其动机。

受试者认知水平越高，被问及违犯社会规范的暴力问题时，防御心理越重。施暴者常极力寻找理由以漏报行为，或将自己扮演为无辜者；受害者则为获得同情而多报，易导致问卷一定程度的失真。

青少年特殊的心理过程常导致行为的突发性。攻击性强、屡犯纪律而被公认的"问题"学生，不一定引发恶性暴力；少数表现平常的学生，恰能出乎预料发生可导致严重后果、手段凶残的暴力行为。弥补该不足有两种方法：

结合问卷所提供的信息开展纵向调查。为克服其费时费力、样本不易稳定等弱点，可先建立纵向研究模式，然后分段进行交迭式横向研究以提高研究效率。

直接以校园暴力结构问卷为基础进行调查，在此基础上建立预测模型，逐步、多次进行观察和检验。无论采用哪种调查方法，都应在调查基础上开展针对性干预；干预本身就是一种深入调查；无后续干预的调查实际意义不大。

校园暴力结构问卷的框架组成通常是：各类躯体暴力、言语暴力、性暴力、自我伤害、情感虐待与忽视的报告率和频次。暴力发生地点，暴力发生时间，施暴者的构成比，伴随的其他健康危险行为。暴力应对方式：是反抗、事后报告、求助、躲避还是忍气吞声？采取求助方式：告诉同学、教师、父母、报警，还是忍气吞声、不了了之？事件的躯体影响，如伤害的性质、严重程度、损伤部位，是否致残等。事件的精神影响，如各种心理、情绪障碍、不安全感、学习兴趣和人际交流变化、是否产生自杀意念和行为等。无论采用上述何种调查，都应掌握以下基本技能：

在知情同意基础上，按目的抽样方式发放问卷。原则上采用匿名填写方式，若需署名，应做好充分动员。

统一按国际规范定义，从校园暴力的不同角度，用清晰明了的语言设计询问指标。

为了解受试者对校园暴力的危害性认识和反应，可涉及相关的知识、态度指标，但主要目标应是行为。

尽量明确地区分施暴者和受害者。凡施加或遭遇 1 次或以上暴力事件，即为 1 例施暴者或受害者。设计者必须明确，调查校园暴力的主要目标不在于行为的发生是否频繁、重复。一次暴力也是暴力行为，不会因此而改变性质。若将偶然、少量发生的行为排除，易人为降低调查的客观性。

有明确的时间界定，如"过去 1 年内"、"以往 30 年内"、"最近 7 年内"等，保障资料的可比性。

结合使用报告率（发生率%）、发生频次（次/人）、构成比（%）等指标，综合反映暴力的程度、性质和后果。

简明扼要加入性别、年龄、学校类型、家庭结构、父母文化程度等社会人口学指标。利用这些指标来分类剖析校园暴力行为所受到的社会经济、家庭背景、生活环境等影响因素有重要作用。

校园暴力的产生原因

校园暴力行为是青少年"内"（身心特点）、"外"（环境）因素综合作用的结果。其中，家庭－学校－社会三联屏障的作用缺失、偏离往往起核心作用。

1. 家庭

不良的家庭环境和不正确的教养方式是暴力行为的温床。现代社会家长工作压力大，生活节奏紧张，缺少时间和孩子沟通，父母角色弱化，亲子关系疏离。他们虽然重视教育子女，但多沿袭传统的强制模式；一种是显性的"棍棒式"强制，出于过高期望，整天催逼孩子拿高分，成绩不理想就非打即骂；另一种是隐性的"温柔式"强制，百般溺爱孩子，全权代他们选择学业、兴趣和爱好。尽管方式不同，但都使青少年处于不堪重负的附属地位，由此自然产生逆反心理，以违背父母意愿的方式行事，注重于享受越轨行为带来的快感。还有些家长自身素质低，满嘴粗话，家庭暴力不断，使孩子在耳濡目染中形成动辄拳脚相加的习惯。近年来离婚等家庭变故增多，使许多青少年生活在单亲、重组家庭内，承受着心灵创伤，产生偏执、冷漠、好斗心态，成为引发许多校园暴力行为的根源。

2. 学校

"重智轻德"的应试教育依然在许多学校占主导地位。沉重的学习负担抹杀了青少年的个性，厌学情绪普遍。成绩不良又有违纪行为的"差生"，被同学当作"坏蛋"加以歧视。即便没有教师的威逼，每次考试的排名和讲评也足以让他们抬不起头来。若他们用违纪方式来发泄，学校会用"开除"、"勒令退学"等简单行政手段将他们推向社会。流失生、辍学生成为校园暴力的校外滋扰源；仍在校内的"差生"则出于自我保护本能而走到一起，或和校外流失生合伙，或为"瓜分地盘"打群架。他们在使用暴力手段来对付同学、教师和学校的目的中，报复并从暴力中寻求刺激和满足的成分很大。

3. 社会

社会因素在更深层次上揭示校园暴力的根源：

我国正处于社会转型期。在新旧经济体制转化过程中，违反社会规范的色情文化、拜金文化、暴力文化、帮伙文化（"亚文化"）乘机滋生。在经济利益驱动下，宣扬色情淫秽、凶杀绑架、犯罪团伙的影视作品屡禁不止。极端利己的价值观、哥们义气的友谊观、及时享乐的人生观、不劳而获的幸福观、称雄图霸的英雄观等被当作人生真谛宣扬，成为校园暴力的重要催化剂。

在"亚文化"影响下，青少年酗酒、滥用药物、不良性行为等健康危险行为的发生率呈上升趋势，对校园暴力起推波助澜作用。

和大多数国家一样，我国对未成年人犯罪的惩罚力度相对不足；只有犯罪后的少年劳教等"马后炮"措施，暴力（尤其校园暴力）预警机制不足，对受害者保护力度不足，导致许多本可消灭在萌芽状态的恶性事件发生。

4. 青少年身心特点

青少年身心发展中呈现的一些特点，使他们易成为校园暴力的高危人群：

有自主判断能力，但易冲动，判断事物不客观，处理问题带情绪，自控能力差，易受情境影响。

独立意识建立，期望别人把自己看成大人；爱出风头，喜欢逞强，希望充当伙伴崇拜的"老大"。在该心理驱使下，易以暴力挑衅来获得成就感，满足虚荣心。另一些青少年则相反，心理脆弱，自我防护能力差，受暴力侵害时选择忍气吞声，"受点皮肉之苦可消灾"，助长校园暴力行为的滋生蔓延。

自我意识刚形成，易出现自我同一性和社会角色的矛盾冲突。此时青少年最需要的是精神支持，能使自己看到希望。然而，他们从小到大，无时无刻不处于有形/无形竞争压力下，加上其他方面的困扰，压力日积月累，精神得不到松弛调整，思想苦闷，易把压力转向对他人和社会实施攻击。

有强烈的伙伴集团倾向。这些集团容易在不良头目带领下发展成反社会团伙，"有福同享、有难同当、为朋友两肋插刀"，发展帮派成员，为扩大地盘打群架，成为团伙暴力的根源。

不良人际交往的负面影响大。青少年特别关注人际关系；交往中扮演好自身角色，有助于建立良好、稳定的人际关系；缺乏交往技能，则难以和别人沟通，不能愉快相处，易出现孤独、彷徨等情绪问题。此时出现暴力倾向的可能性很高。

伴随自尊的发展，特别爱"面子"。一旦交往受挫，便封闭自己，因孤独感、嫉妒心理而诱发激情报复，甚至演变成故意杀人。"差生"自认"低人一等"，对他人心怀嫉妒；破碎家庭子女缺少温暖环境，自卑心强等，格外易将所有的挫折和批评（即使明知是善意的）都当成是对自己人格的"诋毁"，从而激发强烈的暴力行为动机。

校园暴力的预防和干预

WHO 专家倡导的"社会生态学理论"是迄今为止较理想的预防校园暴力的理论模式。干预通常分步实施：

全面了解青少年个体的健康危险行为（包括暴力倾向）表现。

利用该模式分析家庭、学校、社会等环境中的危险因素及其相互作用。

从三级预防角度出发，针对这些危险因素分别制定预防措施。干预的核心是建立学校－家庭－社区三联屏障。

1. 校园暴力的初级预防

初级预防的措施作用于暴力行为发生前，目的是控制心理－社会病因，防患于未然。整个过程需要家庭、学校、社区的共同参与和密切配合。家庭应做到：

创设温馨的家庭环境，多和子女相处，充分沟通，满足亲子情感需要，让孩子从小建立安全感。

提高家长自身素质，消除家庭暴力，建立平等协商机制。

从小进行是非、品德、纪律教育，让孩子在日常生活中学会正确鉴别自身言行，增强约束力；养成宽容、理解的好品质；正确处理与同学的矛盾、争执和纠纷。

多和学校积极沟通，了解孩子在校学习生活情况。发现孩子与他人的矛盾时，帮助其通过正常、理性的渠道解决，不护短，不推波助澜。

面临家庭破裂危机时保持冷静，消除"战争"；妥善安排孩子生活，尽力减少负面刺激。

学校应做到：

彻底摆脱应试教育阴影，提倡素质教育，发挥所有学生特长，给予他们充分受关注、被接纳的机会。

加强校园安全管理。根据需要组织校卫队，维护治安。

通过心理辅导。排解自卑、孤独、嫉妒等心理问题和自暴自弃、怨天尤人、偏激等不良情绪，提高承受力。

组织丰富多彩的文体活动，将学生从不良娱乐场所吸引回来。

加强教育法制建设，保护学生权益；不随意开除劝退学生，防止其辍学和流失到社会。

对教职员工进行师德教育，做到教书育人、管理育人、服务育人，使学校形成良好育人环境。

社区应做到：

加强枪支弹药、酒精、违禁药物管理。

清理校园周边的歌舞厅、网吧、迪吧等青少年易聚集商业单位，营造良好环境。

联合社会团体，形成威慑力，坚决抵制社会上传播的暴力色情影视作品、渲染暴力的"纪实文学"、追求轰动效应的新闻等。

经常提醒家长注意引导孩子观看的影视、网络内容，避免接触渲染暴力的内容。方式切忌简单粗暴，以免反向强化青少年对暴力的猎奇心理。推广积极向上的社区活动，取代不健康的课余活动，减少暴力隐患。

预防校园暴力的学校健康教育。健康教育本身就是一项低投入、高效益的干预措施，内容应由以下 4 部分组成：

认知暴力。从什么是暴力、暴力的表现形式开始，介绍暴力的危害性，和其他青少年健康危险行为之间的相互关系；进而通过普法教育，帮助青少年在培养良好道德品质的同时，知法、懂法、守法，建立牢固法律意识。

安全教育。具体传授抗暴御辱的方法。如：迷路怎么办，遇到坏人怎么办，遭遇暴力袭击怎么办等，尤其应重视培养个体独立应对突发事件的能力。

人际交流技能。怎样在日常生活中以积极态度与人交往，以诚恳、谦虚、宽容态度对待他人，控制情绪和解决矛盾冲突的技巧，怎样建立和保持友谊，怎样正确和异性交往等。

生活技能教育。指导学生正确认识自身，充分发挥自身能力；学会正确的拒绝方法；发挥创造性思维来解决问题、避免暴力的能力等。应传授运用法律途径保护自身权利的技能，不采取"以暴制暴"的错误方式，更不能以"以德报怨"的怯懦方式屈服于暴力威胁。学校卫生工作者必须清醒意识到，教育不是万能的，必须和依法惩戒结合；对个别屡教不改的"害群之马"，尤其是那些躲在暴力事件背后的成年教唆犯，应加大打击力度，不能心慈手软。严厉打击发生在青少年身边的"弱肉强食"行为，对预防校园暴力事件发生有重要的心理震慑作用。

本类健康教育在我国刚刚起步，无论教学内容和方法都亟待改进。如：

目前尚缺乏系统的理论基础。欧美通行的"和平解决冲突与暴力预防课程"，将校园暴力预防干预建立在社会认知理论基础上，内容包括对潜在暴力危机的判断，是逃避还是面对；欺负行为动力学和解决冲突的技巧；怎样通过非打架途径来宣泄愤怒等。美国斯坦福大学医院编制的青少年暴力预防程序也很有效。应学习这些经验，尽快建立符合我国国情的健康干预理论体系。

尽量采用参与式教育方法，动员青少年主动参与。

重视知识宣教，更应重视传授防范、生存技能，以提高预防教育的针对性和有效性。

2. 校园暴力的二级预防

二级预防包括在校园暴力事件发生前，及时发现隐患和苗头；通过干预，及早将其消除在萌芽状态，同时将所造成的伤害减少到最低限度的全过程。

并非所有青少年在出现故意发动的校园暴力事件前，都有预示性表现。但父母、教师和与他们密切相处的伙伴只要具备一定知识，就能从以下表现中发现一些早期性警告信号：

过去有攻击、违纪行为史，此时重现以往异常情绪，如沉默、社交障碍、孤立、拒绝、受迫害感等。

注意力、学习效率、学习成绩急剧下降。

无法控制愤怒情绪，如在胡乱涂鸦和图画中显示暴力；对些许小事反应异常强烈；破坏财产；寻找武器；有强烈自杀意念和企图等。

原本具有的健康危险行为超常规表现。女生常见者如吸烟、吸毒、无自尊、与父母冲突、离家出走；男生常见者如酗酒、吸烟、药物滥用、逃学和打架。无论男、女生，吸烟、酗酒、打架等的频率与暴力伤害之间存在明显的剂量－反应关系。因此，二级预防应以学校和家庭为重点范围展开，采取以下步骤：

对学校相关人员进行危机干预培训，提高校园暴力预防意识。

发现、识别早期警告信号，对可能出现的暴力倾向进行预测评估。

学校建立干预小组，并和家长充分沟通。

对高危青少年进行心理矫治，提供指向性干预。

3. 校园暴力的三级预防

三级预防指暴力事件发生后立即采取行动，力争将伤害、损失降低到最低限度。措施包括：

启动应急机制，确保学生远离危险；从公安、司法机构获得及时支援；建立有效联络系统，落实个人的危机干预责任；进行院前急救、急诊和治疗。

正确处理惨案余波，如帮助父母理解孩子对所受暴力的反应，消除恐惧反应；必要时接受精神卫生咨询；协助性侵犯受害者接受检查，防治性传播性疾病；指导受害者寻求公安、司法等后续帮助。

根据受害者状况，提供必要的护理、康复服务，尽力减轻暴力导致的损伤和残疾。

帮助师生接纳改造后的施暴者（包括来自少年劳教机构的）回校，真正实现社会回归。

学生怎样预防校园暴力

对于我们学生来说，我认为有以下几点：

1. 注意自身

认知校园暴力。从什么是校园暴力、暴力的表现形式开始，进而通过法制教育，在培养良好道德品质的同时，知法、懂法、守法，建立牢固法律意识。同时要在日常生活中以积极态度与人交往，以诚恳、谦虚、宽容态度对待他人，学习控制情绪和解决矛盾冲突的技巧，建立和保持友谊。

2. 谨慎结交朋友

最好让父母了解自己的交友状况。选择正当的休闲活动，勿涉足不良场所（如：电子游戏室、台球室、卡拉 OK 歌舞厅、网吧等）。

有任何困扰、纠纷时，应与师长、家长讨论或寻求可信任长辈的协助，必要时可交由警方处理。要正确运用法律来保护自身权利，不要采取以暴制暴的错误方式，更不能怯懦地屈服于暴力威胁。

要知道校园暴力的加害者不会自行停止加害行为，反而会食髓知味，所以在受害之后，应主动告知老师、家长或报警，寻求解决之道。

3. 要注意思想安全

也许不少同学会认为，安全只是指身体的安全甚至是肢体的健壮和不受伤害；认为只要自己的肢体健全、行动自如那就叫安全。我认

155

为，这绝不是安全的全部。即便是一个具有健全的体格的人，如果他的思想道德水平低下、明辨是非能力不强，糊里糊涂攀兄弟、结姐妹；还有不明不白逞义气、惹事端，喜欢随波逐流，总希望班级、学校出点乱子，这表现出来的就是思想上的安全问题。比如校园内频频发生的打架事件、同学间以强凌弱的抢钱事件等等，这些事件也是校园中现实存在的安全隐患。不难想象，个别同学有了这样不安全的思想，要平平安安地一辈子做好人，那是很难的。

再说，一个具有健全体格的人，如果他沉溺于不良书刊和网络游戏的精神鸦片，天天吸、处处吸，甚至课堂上忍不住要走神，思之想之；放学后，不按时回家好好学习，却找出各种理由泡网吧熬个通宵；如果他过早地迷恋于少男少女的缠绵悱恻，无端寻愁觅恨、痴痴狂狂，甚至争风吃醋结恩怨，冲冠一怒为红颜。这表现出来的就是行为上的安全问题。有了这样不安全的行为，要踏踏实实地读好书，一帆风顺地读到头，那也是很难的。无论是人身安全还是思想安全，抑或是行为安全，它们都有一个共同的特点，那就是一旦发生事故以后，结果的残酷性。轻者可以伤及体格，重者能够危及生命，它们造成的后果是残酷的。因此，我认为在同学们的成长历程中，思想安全比其他的安全更为重要。特别是科技高度发达的今天，各种不良诱惑在校园内外不断地侵蚀着未成年人还没有完全成熟的心智，所以，同学们一定要把主要的精力投入到学习中来，要有一定的抵御诱惑，明辨是非的能力！什么校园暴力、网络游戏、早恋、吸烟等等这些不良的行为千万不要涉足！因此，我认为在校园安全问题中，思想安全、行为安全都至关重要。特别是思想安全更不要忽视。

同学们如果碰到校园暴力事件应如何应对呢？如果是抢劫你，千万不要害怕，首先你要保护好自己的身体不受抢劫分子的侵害，可以暂时把钱给他。这时，如果抢劫的不是学校的同学，你一定要记住抢劫你的这个人的体貌特征。最后，向学校报告、向公安机关报案。这里同学们千万注意，如果你被抢劫了，一定不要息事宁人，更不要逆来顺受，人家要多少明天你接着给，那样只能是不断损害你自己的切身利益同时也助长了这些抢劫分子的嚣张气焰。因此一定要及时地向家长、学校报告，向公安机关报案。才能切实保护自己的合法权益不受侵害。

如果你看到别的同学被抢劫，由于同学们的年龄还小，还是未成年人，我们不需要你们直接地与抢劫分子搏斗！我们要求你们要记抢劫分子的体貌特征，并以最快的速度向学校报告或者向公安机关报案！这样我们一样是见义勇为！

学校如何预防校园暴力

法制教育是学校教育不可缺少的手段，也是防范、抑制校园暴力的一个重要手段。坚持聘任法制副校长制，把法制教育融入思想政治之中，将法制教育融入课堂。针对学校出现的问题，请法制副校长给学生上法制课，要及时召开家长会等等，形成学校、社会、家庭共抓共管的良好局面。其次，要加强学校周边环境的治理，为学生创造健康氛围。学校应加强对学生的安全组织教育和安全保卫工作，提高学生自身防护能力，对于有严重不良文娱生活的学生更应积极引导，切不可听之任之，最终酿成大祸。

在此，我还想再讲一个问题，那就是几种我县青少年学生普遍存在的不良现象：

1. 打架斗殴

一般都是因为一些小小的矛盾，甚至是多看几眼就大打出手。根据我国的法律规定，打架斗殴的，如果情节轻微没有严重后果则使用治安处罚法予以治安处罚（罚款、拘留）；如果情节严重造成严重后果则依据刑法规定以聚众斗殴罪处罚。聚众斗殴罪是指为了报复他人、争霸一方或者其他不正当目的，纠集众人成帮结伙地互相进行殴斗，破坏公共秩序的行为。犯本罪的，对首要分子和其他积极参加的，处三年以下有期徒刑、拘役或者管制；有下列情形之一的，对首要分子和其他积极参加的，处三年以上十年以下有期徒刑：多次聚众斗殴的；聚众斗殴人数多，规模大，社会影响恶劣的；在公共场所或者交通要道聚众斗殴，造成社会秩序严重混乱的；持械聚众斗殴的。我县某乡镇的李某，是一位高中生，由于与邻班同学发生纠纷后，就纠集同班同学三十多人将邻班同学五人打致重伤，其中一人被打成植物人。这是一起典型的聚众斗殴罪。最后，李某被判有期徒刑七年。

2. 学生侮辱、恐吓老师

学生侮辱、恐吓老师，甚至是带社会人员来威胁、恐吓老师和寻衅滋事罪。

根据我们的调研，我县各中学中有近三成老师曾受过学生侮辱、恐吓。曾经有一位老师和我说过，他的一名学生上课时迟到，老师不允许他进教室之后，该学生即公开指名道姓公然侮辱并恐吓他的老师，扬言要对老师"见一次打一次"、要老师自己"考虑后事"等这样的话，口口声声自己是"交了学费"的，所以自己是"消费者"，学校全体老师们是靠他"养活"的，要全体老师"感恩"，甚至带社会上的"哥儿们"来威胁、恐吓老师等等。尊师重教是中华传统美德，我们决不能让不良学生恣意破坏。从法制史的角度看，清朝时殴伤老师是"十恶不赦"之罪，应当凌迟处死。但是从现在来说，侮辱、恐吓老师将受到治安处罚。如果他和社会青年在学校中公然辱骂、殴打老师，行为升级，则可视为寻衅滋事罪。寻衅滋事罪即是指在公共场所无事生非，起哄闹事，殴打伤害无辜，横行霸道，破坏公共秩序的行为。

我国《刑法》第二百九十三条规定：有下列寻衅滋事行为之一的，破坏社会秩序的，处五年以下有期徒刑、拘役或者管制：（一）随意殴打他人，情节恶劣的；（二）追逐、拦截、辱骂他人，情节恶劣的；（三）强拿硬要或者任意损毁、占用公私财物，情节严重的；（四）在公共场所起哄闹事，造成公共场所秩序严重混乱的。

3. 学生参与赌博

一种是在校园内集众赌博。据调查，学生赌博现象很严重。县城某中学学生在宿舍内赌博，赌到没有钱后，就有另外的同学"放块"（即是高利贷）给他继续赌。据说"放块"生意还非常红火，有时一天就能"放块"三四万元，很快就能收回四五万元了。第二种就是在校外或电话、信息赌博。根据调查，这种赌博多数是赌球。曾有学生一个星期内就赌输了八千多元，被人多次讨取，最后找到这位学生的父母要钱，父母欲哭无泪。这种赌博隐蔽性较大，只需要一个电话或一条信息就可以进行了，但是危害性更大。根据《治安管理处罚法》第70条规定：以盈利为目的，为赌博提供条件的，或者参与赌博赌资较大的，处五日以下拘留或者五百元以下罚款；情节严重的，处十日以上十五日以下拘留，并处五百元以上三千元以下罚款。

《刑法》二百零三条的规定处以刑罚：以盈利为目的，聚众赌博，开设赌场或以赌博为业的，处三年以下有期徒刑、拘役或者管制，并处罚金。有下列情形之一的，依照刑法二百零三条的规定从重处罚：（一）具有国家工作人员身份的；（二）组织国家工作人员赴境外赌博的；（三）组织未成年人参与赌博，或开设赌场吸引未成人参与赌博的。所以，同学们千万不要参与赌博，也不要去观看，免得沾染上不必要的麻烦。

4. 盗窃和故意毁坏公私财物

在校园里的不良现象还有盗窃和故意毁坏学校或同学财物。我国《刑法》第 264 条规定，以非法占有为目的，秘密窃取公私财物，数额较大或多次盗窃的行为是盗窃罪。一般处三年以下有期徒刑、拘役或者管制，并处或者单处罚金；数额巨大或者有其他严重情节的，处三年以上十年以下有期徒刑，并处罚金；数额特别巨大或者有其他严重情节的，处十年以上有期徒刑或无期徒刑，并处罚金或没收财产；盗窃金融机构，数额特别巨大的或盗窃珍贵文物，情节严重的则处无期徒刑或者死刑，并没收财产。听到这里，有的同学可能会想到多少叫做数额较大？江苏省规定 1 千元为较大起点，即是偷别人 1 千元就要追究刑事责任，被判 3 年以下有期徒刑。不满 1 千元的，则要被拘留或者送劳动教养。还有就是故意毁坏公私财物。要知道我国《刑法》第 275 条规定：故意破坏公私财物，数额较大或有其他严重情节的，处三年以下有期徒刑；数额巨大或者有其他严重情节的，处三年以上七年以下有期徒刑。所以，我劝告同学们不要因一时的意气用事，而以身试法。

5. 早恋

据一些初中年级的校长、班主任反映，近年来，我县初中学生谈恋爱的人数每年都在不断增多，进入高中，就更多了。有的学生从初中一年级就开始谈恋爱，他们似乎还很老练，一直持续到高中毕业。有不少恋爱学生一块儿骑着自行车去上学，去兜风，去游玩，俨然一对"小夫妻"。在学校里，在班上，互递纸条，互通信件，互通电话，这已是小事了。晚上，休息日双双上肯德基、上酒楼也很多。还有的是避开家长私自相聚，现在一些学生家庭条件很好，房子又多，孩子一谈恋爱就可以到别处住房幽会、聚头，甚至过夜。但是，早恋是一朵不结果实的花，不仅如此，早恋还对学生的学习和生活造成了很大影响，我们必须认清早恋的危害，时刻敲响警钟。早恋有以下几个方面影响到我们学生：

影响学习和生活。早恋者往往以恋爱为中心，以对方为航向，感情为对方所牵制，学习没有不分心，成绩没有不下降的。许多早恋者两人交往虽然很隐蔽，之所以最终还是被家长、老师发现，主要的原因就是学习成绩下滑引起家长的注意，追问之下，道出实情。

早恋更容易使人受到伤害。青少年态度还不稳定，恋爱中容易产生矛盾，心理上不成熟、脆弱且耐受力差，容易在感情的波折中受到伤害。有的青少年因早恋受挫怀疑人生，怀疑是否有真正的爱情，给自己的感情生活投下阴影，影响成年后的婚姻生活。

早恋者容易出现性过失。青少年性意识萌发，对异性欲望强烈，容易激动，感情难以自控，行为容易冲动，容易凭一时兴致而不计行为后果，从而出现一些越轨行为，如未婚性行为、未婚先孕。这些行为一旦出现，会让当事者羞于见人，担惊受怕，即使当时不觉得怎样，但日后给他们造成的挫折感、自卑感是无法用语言来形容的，对成年后感情生活的影响，往往也是难以弥补的。

早恋极难成功。由于早恋的盲目性和不成熟性使早恋者极少走向婚姻的殿堂。父母、学校的干预，两人感情的裂痕，升学、转学、工作等太多的因素都使早恋这个不健康的婴孩中途夭折。他山之石，可以攻玉，从别人的现状想到自己的结局，早恋者快悬崖勒马，亡羊补牢。当然，以上我所说的，只是极少数的一些同学，我们绝大多数的同学都是好的，希望我们能以此为鉴，千万不要涉足其中。对于有以上行为的同学，我相信如果他今天能够听进我这一番话，加以改正的话，他同样也是位好学生。

预防校园暴力侵害事件

校园，本该是一方净土，文明的殿堂。然而，近来，校园暴力事件时有发生，有老师打学生的，有学生打老师的，有学生打学生的，也有校外人员进入校园行凶闹事的，给宁静的校园蒙上了一层阴影。人们不无忧虑地发现，原本应该用美好、纯真等词来形容的花季少年，却越来越多地与暴力、喋血、行凶等词联系在一起———也许我们早一点意识到，早一点给他们以更多的关心和温暖，早一点了解他们的心理状况，那么也许结果就不会是这样了。

众多青少年犯罪的案例，专家们分析：符合以下几种情况越多的青少年越有可能出现暴力犯罪行为。

1. 流浪学生危害校园

一些流浪学生多半没有得到良好的家庭教育，在校又因成绩差而受到冷落，过早地流浪社会和一些不良社会青年混在一起。这些同学一旦自己受点委屈就勾结校外的社会青年对同学进行殴打报复。

2. 性格严重内向

性格严重内向一般会导致与他人交流产生障碍。而从心理学的角度来说，与他人交流、向外界发泄自己的情绪，有利于人的心理问题自我调节。而由于自身性格过于内向，不喜欢或者难以与其他同学、老师、家长交流，而使所有事情全部压积于内心，久而久之，容易造成看待其他问题过于偏激，而且一个人自身承受压力的程度是有限的，长久无法得到释放，一旦爆发极可能产生非常冲动的后果。

3. 家庭不和睦

一个温暖幸福和睦的家庭，无疑会对孩子的成长起到极好的影响；而一个冰冷分裂残缺的家庭，对孩子的心理极易产生不良影响。不少有暴力倾向的学生，家庭生活都不幸福。心理学家认为，家庭暴力是造成校园暴力的根源。家庭暴力有两种方式：一种是显性的，即"棍棒式的强制"；另一种是隐性的，即"温柔的强制"。它们都会给孩子带来心理压力。此时如果再遭遇父母离异、家庭"战争"、极度贫困等负面刺激，就很容易形成一种"攻击性人格"。

4. 喜欢虐待小动物

毫无原因的喜欢虐待小动物，这种日常行为表现，体现出性格中存在的缺陷。天性残忍的人并不多，属于极为少数的人群，他们在虐待动物过程中感受到一种身为强者的快感；而大多是后天由于某种原因或刺激造成的，比如本身性格懦弱，经常受到同学的取笑、老师的轻视，为了证明自己"勇敢""大胆"，进而采取过分残忍的手段，从而造成心理扭曲。

5. 好胜心理转变为好斗心理

一般情况下，好胜应该是一种督促进步的心理状态，但由于有些同学性格孤僻，好胜心转变为好斗心，绝不服人，进而发展成为了对比自己条件好，或者学习等某方面比自己更强的同学的强烈嫉妒心理，从而可能对这些同学采取暴力行为进行发泄。

6. 个人英雄主义，崇拜偶像

许多同学都有英雄主义情结，崇拜影视作品中那些"除暴安良"的英雄人物或者是"以暴制暴"的强者，幻想自己也能像他们一样强大，能控制局面，受别人尊敬崇拜。而影视作品中的"英雄人物"经常以个人英雄主义的姿态出现，所有问题都是自己解决，而且绝大多数都是以暴力行为或者被迫以暴力行为来解决问题。

7. 极其喜欢刀具等危险器械

许多男生感觉刀具武器等非常具有男人气质，看它们或玩它们时，能感受到一种男子汉的自豪感。大多数男生都玩过刀枪玩具，但当他们开始认为具有威胁性的真实武器更有吸引力时，可能就存在潜在的暴力倾向了。

8. 刚愎自用，不接受他人意见

由于性格上的原因，加上周围环境的影响，使得有些同学性格非常孤傲，听不进去别人的意见和劝说，甚至不能接受老师和家长的批评，逆反心理非常强，旁人提出不同意见，就情绪激烈，越说反抗情绪就越强烈，甚至因为一点小问题的不同意见，就怀恨在心，找机会报复。

9. 拉帮结伙，讲兄弟义气

不少同学称兄道弟，拉帮结伙。如果有人欺侮了"他们的人"，那就是和整个团伙过不去，要讲兄弟义气，一个人被欺侮了，其他人当然不能坐视不理，于是义愤填膺，集体出动，要为兄弟报一箭之仇。崇尚拉帮结伙，讲兄弟义气的同学，一定要有清醒的认识，要明白什么才是真正的互相帮助、同学友情。

10. 做事不考虑后果，缺乏对法律的认识

有的同学考虑问题过于钻牛角尖，做事不多考虑，认准了一点就无法想到其他问题，想不到可能导致的严重后果，做了以后才会发现问题的严重性，但往往这时候后悔已经晚了。现在的许多孩子在一些问题上，比如恋爱等方面，非常早熟，但在健全思维方式、多角度考虑问题、对法律的了解上，却往往表现得非常幼稚。

对于青少年犯罪增多，有关专家指出，其原因就在于我们的社会制造了这个"创伤症候群"。专家说，目前的应试教育属于淘汰教育体制，学生一旦被教育淘汰，就丧失了一切接受基本道德观念、法律知识的机会。而社会又是"一元化"选择，只要没有大学文凭，孩子的成长、就业机会就少得可怜，也就会被社会淘汰。被双重淘汰的孩子因此成为受歧视的群体，心理产生挫败感是必然的。更可怕的是他们心中还会产生严重的反社会倾向，反过来报复社会。而根据犯罪心理学的观点，犯罪分子通常会选择比其弱势的群体作为侵害对象，因

此，未成年人的侵害对象往往都是同龄人。

施暴学生同样是受害者。他们一旦过早染指恶习，接受了"拳头硬"的道理，尝到了弱者好欺的滋味，日后的成长必然令人担忧。不难想象，其步入社会后很难会严格遵循法律、秩序，依然信奉暴力则难免头破血流，祸害社会，毁了自己。而对受害学生来说，受辱经历无疑是一场梦魇，很容易留下永久的伤痕，就像胎记一样，难以磨灭、抚平，并进而严重影响到成年后的心理健康和健全的性格体系。

另外，教师对学生的暴行也不容忽视。某些教师的不当教育、不良言辞会给年幼的学生造成厌学情绪和绝望般的压力。

预防校园的暴力伤害

主要是指在校学生之间、学生与社会其他人员之间、师生之间发生在校园内及校园周边的具有敌意的欺凌、体罚、伤害等性质的暴力行为。由于校园暴力行为的施暴者和受害者多数是青少年在校学生，并且暴力行为发生在校园内或校园周边，因此大家习惯称其为校园暴力。校园暴力包括行为暴力、语言暴力和心理暴力。行为暴力在校园暴力现象中最为普遍。行为暴力主要指包括打架斗殴、敲诈勒索、抢劫财物等一系列对人身及精神达到某种严重程度的侵害行为。

1. 向校园暴力说"不"

频频发生的校园暴力打破了校园里原本属于我们的宁静与和谐。为了不让校园这方净土成为另一个"江湖"，为了不让我们的"花季"变成"花祭"，我们要坚决向校园暴力说"不"！

不崇拜暴力文化，要形成正确的价值观。

不参与校园暴力。树立正确的是非观念，坚决不充当校园暴力行为中的帮凶。

注重心理的健康发展。要保持乐观的心态，主动与他人沟通，解决各种困难和问题。

加强自身的法律意识和法制观念。施暴者法律意识淡薄，对法律无知，这是校园暴力产生的另一个主要原因。我们要学法、懂法、守法。既要以法律来规范自己的行为，也要以法律来保护自身的合法权益。

2. 保护自己，关注他人

安全第一，预防为主。校园暴力的发生通常有两个原因：一是同学间因口舌之争或其他原因的肢体冲突。二是为了满足自身的私欲而引起的争执、事端。预防争执和事端应做好以下几点：

与同学友好相处。有的同学遇到矛盾时，不愿意吃亏，认为忍让就是没了面子失了尊严，最终只能使得矛盾不断升级，不断激化。我们应该宽宏豁达，不应为一丁点儿小事僵持不下，斤斤计较，甚至拳脚相加，做出降低人格的事情。

避免自己成为施暴者的目标。我们平时不要随身携带太多的钱和手机等贵重物品，不要公开显露自己的财物。学校僻静的角落、厕所或楼道拐角都是校园暴力的多发地带，我们在这些地方活动时尤其要注意，最好结伴而行。

养成善于观察的好习惯。多留意身边发生的事，很多暴力事件的信息可以从校园同学间的交流中得到。为了保障我们自身的人身安全，避免施暴人对我们打击报复，我们可以通过电子邮件的形式匿名报告。预防暴力重于应对暴力，而这一切需要我们共同参与。

应对暴力，临危不乱。如果我们无法避免危险的发生，那么，在危险发生的时候，我们一定不要惊慌！保持冷静、清醒的头脑是制胜的关键。我们应克服心理的恐惧，积极地去解决问题或者本能地保护自己。

遭受语言暴力时的自救。应对语言暴力，我们通常可以采取以下方式：

一是淡然处之。二是自我反省。三是无畏回应。四是肯定自己。五是调整心理。六是法律维权。

遭受行为暴力时的自救。如果被攻击者殴打，我们该怎么办？

一是找机会逃跑。二是大声呼救。三是借助一些小动作给自己寻找逃跑的机会。四是求饶。求饶不是懦弱的表现，是减少伤害的策略。五是如果以上退路被攻击者截断，那么应双手抱头，尽力保护头部，尤其是太阳穴和后脑。

在人身和财产遭遇双重危险时，应以人身安全为重，舍财保命，以免受到更激烈的伤害。

3. 及时报告，以法维权

由于校园暴力事件的随机性，许多同学对其产生了恐惧和焦虑。一些同学不敢把事情告诉家长和老师，更不敢报警，甚至警方破案后也不敢出面作证，成为"沉默的羔羊"。忍气吞声往往会导致新的暴力事件的发生。

自己或发现他人遭遇紧急情况时，一定要在第一时间向家长、老师或警察求助，采取最有效的救助措施。

要应对暴力，我们必须增强五个意识：

第一，要有依法的意识。违法行为是不受法律保护的。

第二，要有强烈的自我保护意识。

第三，要有方法和策略意识。在力量悬殊的情况下，切记不能蛮干。

第四，要有见义勇为、见义智为、见义巧为的意识。在保护自身安全的前提下对他人实施救助。

第五，要有强烈的报告意识和证据意识。及时上报并注意搜集证据，以便在需要的时候出示。

我们一定要记住：当自己的安全受到威胁时不轻言放弃。当他人的生命遭遇困境需要帮助时，在确保自己安全的情况下，尽自己所能及时伸出援助之手。

应对校园暴力的自我防护

校园是我们健康成长和努力学习的美好乐园。为什么校园里会发生暴力事件？这是有原因的。

认真调查分析一下，有以下几种情况：有的学生在家里是重点保护对象；有的家长脾气暴躁，并且经常在酗酒后打骂孩子；有的父母离异，从小失去家庭温暖。

另外，随着年龄的增长，有些孩子结成"团伙"，名为讲"义气"，实际专门欺负弱小或是他们看不顺眼的同学。

由此可见，校园暴力多与某些学生的生活环境和所形成的不健康心理相联系。由于对家长、老师、同学不满，以盲目反抗情绪和攻击的态度对待别人；也有的孩子从小缺乏与同龄人的正常交往，不会与人和睦相处，养成了随便打人骂人的坏习惯。

对待校园暴力，你可以试试下列方法：

（1）学生遇到校园暴力，一定要沉着冷静。采取迂回战术，尽可能拖延时间。

（2）必要时，向路人呼救求助，采用异常动作引起周围人注意。

（3）尽量不与小霸王们发生正面冲突，惹不起可以先躲开。人身安全永远是第一位的，不要去激怒对方。

（4）顺从对方的话去说，从其言语中找出可插入话题，缓解气氛；分散对方注意力，同时获取信任，为自己争取时间。

（5）如果对方过于强大，可以先把钱物给他们，然后报告老师和家长。

（6）学生上下学尽可能结伴而行。

（7）学生的穿戴用品尽量低调，不要过于招摇。

（8）在学校不主动与同学发生冲突，一旦发生及时找老师解决。

（9）上下学、独自出去找同学玩时，不要走僻静、人少的地方，要走大路。不要天黑再回家，放学不要在路上贪玩，按时回家。

（10）在劫持者经常出没的地带，可以请警察出面干预。

（11）学校定期开展心理、思想道德课程教育；适当组织同学间的协作活动，加强团队互助意识。

请你学会自我保护招数：

校园暴力可以防，方法掌握要适当，

求助师长来帮助，结伴走路有保障。

第四章

防骗防盗防暴探讨

校园暴力事件的主客观因素

1. 个性张扬中的褊狭自私与冷酷

现在的家长们越来越困惑于读不懂自己的孩子。孩子越大，接受的知识越多，和家长间的隔阂往往就越深。其实这种隔阂的焦点，就是两种不同价值取向的相互冲突。无论是做家长的，还是做子女的，都是立足在自身价值取向的基础上，试图用自己的价值观来规范对方的行为，这就势必要产生矛盾。但这种矛盾是正常的，而且人们在这种正常的矛盾中不断地得到发展。问题的关键是有很多家长的价值取向是非理性的，甚至是自相矛盾的。一方面，家长总是希望孩子能在学业上和品行上都出类拔萃；另一方面，出于一种原生态的本性，又时刻担心孩子遭受挫折或蒙受委屈。这种两难中的家长，大多学会了通过物质或其他途径来补偿的办法，以此来求得自己内心的平衡。

然而这种补偿多数情况下被演化成了一种放纵——文化课学习之外的放纵。由于放纵，孩子个性中的很多弱点被淡化忽视，许多违反行为规范的举动被认可甚至纵容。这些小错的点滴积累，慢慢地养成了孩子个性中的褊狭自私与冷酷，使得孩子在处理问题时不能通过理性和规范来约束行为，而是率性而为不顾后果。因为从小到大，在相当多的孩子的脑海中，就没有贮存过关爱他人与人为善的传统美德。写满他们人生词典的，都是竞争是残酷是为了目的不择手段。

正是这种极端的个人中心思想，养成了孩子唯我独尊的畸形心态，形成了遇事只考虑自身利益、漠视他人存在的褊狭性格。在这种心态的支配下，一旦自身利益受到了外界的侵犯，就立刻会采取一些极端行为来进行反击，其中就不乏通过伤害对方身体或者性命来发泄自身的愤怒的残忍的"江湖仇杀"行为。

2. 万千宠爱集一身的价值取向错觉

随着独生子女现象的出现，"4 + 2 + 1"的家庭结构形式，使得1个孩子处于6个成年人浓浓关爱的包围中。这6份关爱的交会，织成了一张厚重而温柔的网，呵护起孩子从童年到青年的一切，遮挡住孩子可能遭受的挫折和坎坷。

但正是这爱的网，人为地割裂了个体的孩子和整个社会的有机交融，使得孩子的活动，绝大多数情况下被局限在这要风有风要雨得雨的狭隘范围内。在这个狭小的家庭王国中，孩子是当然的国王，是可以左右家庭一切活动的最高权威。孩子的要求，无论是对的还是错的，多数情况下，总会获得满足。于是，一切地付出都开始扭曲了，成了一种理所当然的支出。孩子心灵的田园，丧失了感恩的思想，只有唯我独尊的莠草没有约束地蔓延。

当孩子的心中充斥了自我中心的思想意识之后，他的价值取向也就滑入了错觉的泥淖中。这种错觉，养成了他不能承受任何轻视嘲弄，更不能承受肉体和精神伤害的脆弱心理。而一旦这样的伤害成为了事实之后，他们总会或是无法应对，躲避退让，最终成为忍气吞声的被伤害者；或是恼羞成怒，愤然出击，选择他们认为最好的"江湖"方法来解决问题。

更严重的是，极端宠爱中长大的孩子，往往自觉不自觉中就形成了别人必须听从于我的错觉。他们把这种错觉带入了校园，在和同学交往的过程中，总是希望时时刻刻能站在上风，希望大家都能听命于自己，希望是"老大"。然而，有这样心态的孩子太多，"老大"却只能是一个，矛盾自然也就产生了。大家都要做"老大"，学校又不可能来排这样的位次，家长对此也是无能为力，如何解决呢？只有用从小说和电视上学来的方法，通过"江湖决战"来解决问题。而这样的"老大"形成后，其自身又确实能体味到一种满足，其他弱小者为了不被欺凌，或主动或被迫地总要巴结讨好他们。如此，又反过来助长了他们的病态心理需要。

3. 教育惩戒功能丧失后的放纵

当教育民主被哄抬到一个不切实际的高度之后，教育就成了一个什么人都可以指手画脚的行业。教育的神圣外衣被媒体用尖刻的文字描绘成了一个令人望而生厌的黑斗篷。从事阳光下最伟大的事业的教师，也时常被定格成了一种"禽兽"。所以，绝大多数学校再不敢轻易地处分一个学生，哪怕这个学生已经无恶不作。更有的省份干脆由决策机构下文来统一规定，彻底废除中小学校沿袭多年的最高处分——开除。

然而，教育永远都不是万能的。失去了必要的惩戒功能后的校园，并没有出现想象中的那种人人知书达理的好现象，反而是因为没有了高悬在头顶的"达摩克利斯之剑"，一些原先收敛的恶行便都敢于公开表现出来。这些校园病毒又相互感染，使得原本健康的校园文化肌体上开始出现块块腐烂的肌肉。

惩戒功能的丧失，催动了畸形心理的自由萌发，使得丑陋和猥亵都变得无所畏惧；反过来，这些个性中的丑陋，又在惩戒的日益退缩中越发的强大起来，并慢慢地自发凝结成一个个的团体，形成了带有明显江湖色彩的小集团。这些小集团，常常为了点滴小事而发生殴斗，甚至是团伙持械玩命，严重地干扰正常的学校教学，也直接危害了社会治安。但即使如此，学校能采用的，也还是一个说服教育。这种说

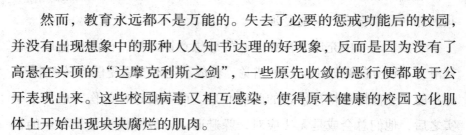

服教育和那血淋淋的砍杀相比照，是多么的苍白无力。

4. 教师权威地位颠覆后问题归属的误判

与教育惩戒功能的丧失同步的，是"师道"的尊严扫地。在中学生特别是高中生的眼中和心中，教师仅仅成为了一种最没有用的读书人的代名词。教师失去了应该获得的尊重和感恩，师生间的关系、教师和家长间的关系也日趋微妙起来。在相当多的家长和学生心目中，老师成了单一的出售知识的人。家长、学生与老师间的关系，就是一种顾客和销售员的关系。这种价值取向，又反过来影响着老师们的工作情绪，使得一些教师也自动地进入家长和学生划定地这个"售货员"的角色中，成了除了教授知识别的就一概不加过问的甩手掌柜了。

教师权威地位颠覆带来的后果是很明显的。首先是师生间丧失了一种相互的理解和信任。学生遇见了无法解决的问题，不再愿意去征询老师的意见，不愿意向老师敞开自己的心扉；而老师也是只从表面上依照学校的量化条款来接近学生，心灵深处的空间中，却很少有一块领地能真正属于学生。学生和教师成了真正的被管理者和管理者的关系。其次是同学间发生纠葛时，告诉老师并请老师帮助解决成了一种无能的体现。而且，大多数的孩子还认为老师根本就解决不了问题，要切实解决好纠纷，依靠的只能是自己的力量和自己所归属的小团体的力量。可以说，学生们在推翻了教师的权威地位后，又依照自己的经验，确立起了通过强权来获取尊严并替代老师权威的新的地位观。

这种完全依照少年的懵懂而生发出来的新地位观，眼下正成为越来越多的中学生的价值信仰。在此信仰的操纵下，同学间的纠纷便有了新的"处理条例"，力量、财富和容貌等世俗社会用来评价判断人的地位的标准，成了这新的"处理条例"的基础，也成了裁定问题归属的新权威。这"法外法"撇开了所有发生矛盾时该走的正道，刻意地把原本简单的问题，上升到类似江湖纷争的地步，使得单纯的校园，平添了几分恐怖江湖的阴云。

5. 对强权政治、黑恶势力、暴力游戏与灰色文学的认同与膜拜

相对于书本的说教，游戏和影视文学以其鲜明生动的形象特征，在更宽广的思想空间上影响甚至左右了青少年的道德和价值评判。暴力游戏的快意杀戮，港台影视的黑社会英雄，在青少年心底播种的就是一种根深蒂固的对邪恶的认同和膜拜。

这种建立在非理性基础上的认同和膜拜，内化后又成为了部分"问题少年"处世的准则，使得他们在待人接物等多方面都体现出一种对主流社会的反叛和仇视。因为反叛，他们便只想依照自己的规矩行事；因为仇视，他们便采用极端的手段来对待他人。

"八法"预防校园暴力事件

1. 加大宣传和教育力度

要让社会充分认识到校园暴力问题的严重程度以及危害。充分认识这一问题，不但会促使社会各界群策群力，思考解决问题的办法，而且会影响校园暴力的实施者和受害者，使实施者减少侵害行为，使受害者增强自我保护的能力和意识。

2. 控制暴力文化的传播

多年来公安、新闻出版等部门一直在努力采取措施，遏制"凶杀暴力"出版物的传播。现在的关键是采取有效措施，控制电视、电

影、网络等媒体对于暴力文化的传播。

3. 学校与当地公安机关建立联动机制

学校把发生在校内以及周边地区的不稳定因素尤其是可能引发暴力事件的因素都及时报告公安机关，而公安机关配合学校进行宣传、教育。对于实施暴力侵害行为的，一定要及时依法给以惩处。

4. 加强对学校领导、管理人员以及老师的教育和管理力度

虽然老师以及学校管理人员不是校园暴力的最主要实施者，但这类伤害也占了很大比重，并且影响极为恶劣。教育行政主管部门应该加强对于学校领导、管理人员以及老师的教育、培训和管理力度。对于那些实施暴力侵害的老师以及管理人员，应该态度鲜明地予以处理，使老师以及学校管理人员真正成为预防和减少校园暴力的积极因素，从行为上为学生树立依法、和平解决争端的榜样。

5. 从小对未成年人进行责任意识的教育

由于我们对于未成年人保护问题宣传不足，导致一些未成年人对于责任问题有了错误的认识，一些年龄稍大的未成年人认为侵害了低年级的中小学生无所谓，即使严重一些，自己年龄还小，也不会承担什么责任。实际上，根据我国现有的民事立法，10 到 18 周岁的未成年人是限制民事行为能力人，对于他们能够理解、判断的一些侵权行为，他们自己是要承担法律责任的；而根据刑事法律，14 周岁到 16 周岁的未成年人，对于抢劫、故意伤害致人死亡、故意杀人等 8 种严重刑事犯罪也是要承担责任的；而 16 周岁以上的未成年人，对于所有的刑事犯罪都要承担刑事责任。也就是说，我们必须在他们还小的时候就加强责任意识的教育。使他们充分意识到，如果他们去伤害了其他低年级的同学，他们不但可能要赔钱，而且可能要坐牢。

6. 加强在校学生自我保护方面的教育

我们应该教育学生在面对暴力时的策略与勇气、遭遇暴力以后应

该如何对待等。如面对高年级同学以及校外人员的侵害要及时向父母和老师汇报；对于老师的侵害要及时向父母和学校领导汇报；对于学校管理人员的侵害要及时向父母、学校领导或者教育行政主管部门汇报；对于严重的侵害行为可以向公安机关报案或者向人民法院起诉等。

7. 清理学校周边环境

歌舞厅、游戏厅、卡拉 OK 厅、录像厅、网吧等这些青少年容易聚集的经营单位，一定要远离学校；学校周边也不应该建集贸市场等人员杂乱的经营场所。对于已经建立的上述单位，应该组织搬迁，为学校创造一个安定、清静的办学环境。

8. 学校加强门卫制度

学校校门口要有专人值班，对于想要进入学校的校外人员，一定要检查证件、问清事由。发生有人强行进入的情况，校门值班人员一定要及时报告给公安机关和学校保卫部门。

怎么样消除校园暴力

校园暴力已经成为校园文化建设健康肌体上的一个毒瘤，更为可怕的是，这个毒瘤还在不断地扩散，其有毒细胞每天都在吞噬着无数健康的心灵。对此，我们必须采取切实可行的行动，要集全社会的力量来发动一场围剿校园"江湖"，铲除校园暴力的"卫国战争"。

1. 从根本上解决暴力思想的萌生

家庭因素对孩子世界观的形成和发展是至关重要的。作为孩子的"第一任教师"，父母的言行无疑是最具直观性和感召性的"教材"。

要创设未成年人成长的最佳空间，就必须切实做好年轻家长的教育培养。

现在的年轻父母亲，文化程度较之老一辈强了不少。但是随着他们所了解的知识是不断地竞争，社会生活中的各种不平等现象以及投机钻营等等，这对他们教育子女的态度和方法上都会有表现，并对学生产生深远的影响。汉族有一句俗语，知子莫若父。其实，作为父亲他所能知道的只是孩子的脾气禀性，对孩子的愿望，想法，观点，能力等还是一无所知。现阶段家庭教育已经完全脱离了学校教育。

2. 用传统文化的精华滋养青少年的心灵

学校教育应该是以育人为首要任务的，但长期以来"应试教育"的阴魂不散，校园生活中除了解题还是解题，分数成为了判断人的价值和品行的唯一尺码。在这种单一的生存空间内，自然容易产生出各样偏激的思想。这些思想再得不到及时地疏导，就会慢慢演化成更加极端的暴力倾向，催生出一起起校园暴力案件。从学校教育的角度来看，要消除校园暴力，首先就必须要让学生在读书时能更多地接受中华传统文化精华的滋养。学校要善于打造出自己的书香特色，要能切实针对青少年的喜好和身心发展规律来制定科学合理的学习内容。要在校园内大力倡导读书活动，通过广泛深入的读书来引导全体学生，使他们借助作品来了解社会了解人生。要让所有的学生，在读书中既养成理性思辨的能力，又生出对真善美的追求和向往之情。

其次，书香校园的建设，还可以很好地隔绝不良书刊、游戏等对学生的精神毒害。当学生的注意力被大量的优秀书刊锁定之后，一方面他自身的免疫力能不断加强，另一方面也由于时间和精力地集中，使其无暇顾他。当然，传统的中华文化的博大精深，并不一定开始就能被学生所接受，这也需要一个从开始的约束到后来的自发的过程。

这个过程的转变，就需要教师的督促了。

3. 形成强有力的法律威慑

上面说过，校园暴力伤害案的增加，是和惩戒功能的丧失有着密切关系的。青少年从本性上看，始终是存在着对法律的畏惧心理。他们所以敢于实施暴力，多数情况下是并没有意识到这是一种违法犯罪，而是看成一种个体间的普通纠纷。因此，要防范校园暴力，就必须要强化社会治安，要让每个青少年都知晓哪些行为是属于违法犯罪的，更要让他们知道违法犯罪后必须接受的严厉惩处。强有力的法律威慑，足可以消除相当多的江湖手段的暴力案件。当一个人心中拥有惧怕时，他的行动就会变得谨慎。每做一件事时，都会三思而后行的。在这点上，当下的相当多的政策都是过于强调教育，而轻视了必要威慑的价值。

4. 关注学生的终身发展

没有哪一个孩子，生来就注定要成为问题少年。形成偏差的主要原因，除了家庭因素外，更是由于学校教育中片面强调学业成绩而带来的冷漠、歧视等因素。要消除校园江湖现象，铲除校园暴力行为，就必须在办学理念上端正"关注学生终身发展"的目标，要把人文教育落到实处。学校从孩子的第一个小错误出现开始，就能耐心细致地做好教育工作，帮助孩子从心灵深处了解真善美和假丑恶的差别，也就不会形成"小洞不补，大洞吃苦"的尴尬局面了。当然，要真正做到及时发现并纠正所有孩子的最初的错误，是必须全体教师沉下心来倾听孩子的心声才行的。只有拥有了发自心灵深处的爱，才可以获得另外的心灵深处的回声。

5. 培养同学间友爱互助的良好氛围

对他人的残忍，很大程度上也是由于缺乏集体关爱的原因。集体是个消解矛盾的最好容器。在集体活动中，通过同学间的友爱互助，可以把很多小的摩擦消除在萌芽状态中。多参加集体活动的孩子，就能够养成一种关注他人的良好品行。具有了这样的品行的人，就能够比同年龄段孩子多很多的包容，就可以忍受得下一些委屈。这方面的成功案例，可以从很多品学兼优的班级小干部身上看到。

6. 净化各种传媒，推行影视观赏等级制，减少污染源

青少年的健康成长更离不开良好的社会环境。所以，净化传媒是推进青少年道德建设的一个刻不容缓的任务。这个任务，需要国家通过建立具体的法律条文来落实。对此，已有相当多的人士有过深入细致地阐述，不再赘述。

花季，一个绿色的词，令人憧憬着希望。暴力，一个黑色的词，令人联想到恐怖。这两个词，原本应该是一对反义词，不该联系在一起。

预防校园暴力与构建和谐校园

校园暴力事件频发，多发于中小学校，大中专学校也时有暴力事件发生。究其原因，无非是青少年内在心理和外在因素综合作用的结果。其中，家庭——学校——社会这三个外在因素的影响也是造成青少年暴力倾向的足以引起全社会重视的原因。

1. 家庭对校园暴力形成的影响

青少年性格和心理是否能够健康地形成与家庭有很大关系。家庭作为青少年成长的主要基地对青少年是否良性发展起了至关重要的作

181

用。家庭的不完整性，尤其是单亲家庭的孩子，大多性格发展不完善，性格孤僻、冷漠、偏激，易冲动，在学校里很难和同学相处，易产生暴力倾向；家长本身素质不高，造成不良示范，潜移默化影响到孩子身上，导致他们产生反社会情绪或者因为高傲心理引发暴力倾向；家庭教育的缺失及方式的不当，易造成孩子性格扭曲进而把不满带到社会中，带到学校里。

2. 社会文化对校园暴力形成的影响

青少年生活在社会转轨的变化时期，社会不良因素使他们受到很多负面的影响。一些网吧、游戏厅、歌舞厅等不宜未成年人进入的场所，无视有关规定向未成年人开放，严重损害了教学环境。带有暴力倾向的影视作品、书刊对青少年暴力行为的形成影响很大，而这些暴力、色情文化便成了校园暴力滋生的温床。

3. 学校管理对校园暴力形成的影响

学校作为青少年的教育基地，学校的管理及教育对青少年的发展有极其大的影响，因此学校是校园暴力形成的重要地方。一是现在教育模式存在的问题，如只重视智力教育，轻视德育教育，忽视了心理的教育，只是一味追求升学率，使学生产生厌烦心理，这也是造成校园暴力的诱因之一；二是教师教育方式的粗暴及本身不健康心理对学生产生了负面影响。师德的缺失，无形中在学生的心灵中播下暴力的种子；三是学校法制教育缺乏是校园暴力产生的一个重要因素。学校是开展法制教育的重要基地，而一些学校重智轻德，法制教育流于表面化、形式化，很多学生不知道什么是违法犯罪，缺乏普通的法律常识，不知法、不懂法，更谈不上遵纪守法。

如何预防校园暴力行为？这需要全社会的共同努力，应从家庭、社会、学校三方面一起努力，使学校、家庭和社会形成一个整体网络，共同防止校园暴力的发生。

（1）家庭方面。我们要强化家庭教育职能，增强父母教育子女的责任感，重视父母对孩子的早期教育，培养其健全的人格。

（2）社会方面。强化社会预防，净化社会环境，给青少年创造一个有利于其身心健康的良好的社会环境。动员社会力量，加强对青少年的教育和保护。尤其是公安机关要加大对不良现象和不良风气的打击力度，避免传媒的不良影响。

（3）学校方面。改变不良教育模式，加强学校道德教育工作。一方面加强教师"师德"教育，形成良好的育人环境；一方面加强学生道德教育，帮助学生树立正确的人生观、世界观和价值观，以及自尊、自律、自强的意识，增强辨别是非和自我保护能力，自觉抵御各种不良行为的诱惑和侵害。培养学生形成优秀道德品质，养成良好道德习惯，把社会公德的规范内化为自觉的行为。

（4）加强学校法制教育。增强和提高学生法律观念和法制意识，关键在于法制宣传与法制教育落到实处。一方面学校要将法制课作为必修课，配备专门的法制课教师，不仅要搞好课堂教学，同时还要利用课余时间，对学生进行丰富多彩的法制教育活动；另一方面司法机关，尤其是法院，要做到普法宣传进校园，使他们懂得自己的权利和义务，知道什么行为是社会提倡和法律允许的，什么行为是法律禁止的，做到知法、懂法和遵纪守法。

校园诈骗为何有苦难言

　　大概很多初入大学校园的新生都遇到过这样的事情，因为年轻的狂傲与不服输，想在社会实践中实现自己的价值，纷纷找到中介公司或者相信登门推荐工作的人介绍工作，然而大多数时候，我们在交完中介费后，这些人都蒸发了。

　　其实这就是我们所说的校园诈骗。由于缺少社会经验，我们时常会被带入一个诈骗陷阱，在不知不觉中将手中的钞票送入骗子手中。而他们恰恰是利用我们不愿意依赖父母和想要独立的自尊心实行诈骗。

　　校园诈骗的方式有很多种：有些借口是某某名品店的店长，要招聘新雇员；有些说自己是某某公司的委托人；有些说要开展促销活动，需要若干名促销员等等。他们往往以优厚的待遇来引诱我们，比如一天四五十元的薪酬，上班时间可以自由选择，有提成加奖金。这让想要赚钱自立的我们喜出望外，却不知他们正张着更大的网向我们扑来。理所当然，尚且单纯的我们稀里糊涂地吃了他们手中的鱼饵。

　　然而更糟糕的是，许多同学吃了闷亏却不知道怎么处理。他们不懂得用法律武器维护自己的合法权益，致使那些犯罪分子逍遥法外。大多数人认为，警察不会受理这样的小诈骗案，往往在受骗后认为丢人而不愿揭发事实。其实这样不但无法得到自己的赔偿，更让那些骗子日益猖獗，认为我们胆小怕事好欺负而去变本加厉地欺骗更多的学生。这样下去，会有更多的案件发生。

　　那么如何才能避免这样的事情发生在自己身上呢？

首先，要提高警惕。凡是上门服务的都要多向他们了解情况，要问清楚推荐公司的来龙去脉，不要轻易陷入他们所设的优越陷阱，要知道天上不会掉馅饼，没有什么工作是可以不劳而获的。其次，最好是自己上门应征，自己选择别人总比别人选择自己安全。再者，我们要到正规的中介公司询问，不要期待机会自己来临，成功只会青睐那些善于抓住机会的人。

其实，学校的社会实践基地经常为同学们免费提供这样的就业机会，只要你留心，相信不会轻易错过。

我们要知道，即使被骗也不能装作什么都没有发生，要知道这样的事发生在你身上也会发生在别人身上。所以，要大胆地说出来，也许他们是一个犯罪团伙，在警察抓住他们的时候通过备案也可以得到一定的补偿。

和谐校园的打造，需要大家共同努力。校园安全，需要人人尽心。我们身为这个大家庭的一分子，有义务维持一个和谐、安全的校园环境。

校园诈骗，不需要有苦难言。

校园容易被盗原因

混编宿舍，人员较乱、互不了解。因上课、外出时间不统一，容易被盗窃分子钻空子。

马虎大意，缺乏警惕。宿舍每人一把钥匙，外出时互相依赖忘了锁门，夏季休息不关门窗，给盗窃分子可乘之机。

185

随意留住外人。有的同学在社交中认识一些校外人员，带回学校，随意留住。由于了解不深、情况不明使窃贼乘机作案。

宿舍钥匙随意借给他人，钥匙管理混乱，容易发生财物的丢失。

新生入学，老生离校及节假日时，人员较乱且流动较大，容易发生被盗，并且此时学生手中现金较多，损失相对较大。

有些同学在上课或到教室自习时，携带随身听、复读机、MP3 播放器，手机等贵重物品及现金，课间休息，下课后，自习睡觉时将上述钱物随意放在教室书包内。因人员较乱或教室无人，造成丢失。

校园防盗安全管理制度

按照"立足内部，内外联动，全面设防，确保安全"的要求，有计划地加快治安网络建设，逐步建立起人防、物防、技防相结合，动静结合，点线面结合，各项防范措施相互配套衔接的校园治安防控网络。

通过防范，努力形成违法犯罪分子不敢进校作案，进了校园作不了案，作了案逃不出校园的治安保卫局面。切实做到校园"不发案、少发案、发小案，不出事、少出事、出小事"。

要加强对重点部位的管理，做到"五双"制度齐全，"三防"措施到位。会计室不超标准存放现金，严防盗窃事件发生。易燃、易爆和剧毒药品全部放入地下库或专用库，严格手续，专项使用，专人管理。严格落实教职工值班和领导干部带班制度，值班人员应按时到岗，在任何情况下都不得擅离职守。值班人员要熟知报警装置和报警方法，做好值班记录。后勤工作人员参加共同值班。

学校领导在重大节假日期间要保持通信工具畅通，保证紧急情况下领导到位，组织到位，措施到位。

校园防盗应用案例解析

随着校园开放程度的加大，校园的治安问题也越来越凸显，学生宿舍的偷窃事件、火灾等安全事故、校园群体突发事件等等安全问题将各个学校的安防意识唤醒，校园安防得到整个社会越来越多的关注。如何实现平安校园的建设？下面从校园安防的现状、诉求点、特点以及成功的案例来做一下分析。

校园安防的现状

目前，我国校园安防的总体状况不容乐观。无论是普通高校，还是中小学校，基本上都处于以人防和机防为主的状况。虽然有些校园已经实现了人防、技防、机防的结合，但它们大都处于各自的控制节点内，并没有实现与教育主管部门、公安的分级管理及安防联动。同时，受各地经济、文化等外部因素的影响，学校要真正建立起一个全面、有效的安防系统难度还是比较大的。一般来说，校园安防主要由教学办公区和学生学习生活区两部分区域组成。而各学校由于校园面积、学生年龄的不同，所需安防系统又有很大的差别。从各地学校的安防情况来看，校园安防系统集成度不高、产品兼容性差、联网解决方案不成熟以及造价太高是较为普遍的问题。

校园安防的诉求点

由于学校作为非盈利性质的国家公共事业，教育机构的经费普遍相对比较紧缺。以前安装一套安防系统需要花上上百万资金，造价太高，这是束缚校园安防发展的主要原因。因此，校方在对安防产品的选择上主要是考虑经济实用，即在保证安防系统的作用能真正发挥到实处的前提下，尽可能地节省开支。因此，从校方的角度来考虑，安防系统首先成本不能太高；其次，最好能够一套安防系统多用，集安防、管理、教学为一体；第三，系统应该有较好的兼容性，并能较容易地实现产品的升级换代，使安防产品在三五年内不至于落伍。

校园安防特点

学校的安防系统与普通安防相比，有自己独特的特点，比如：校园监控面积大，要求系统方便施工及维护；校内流动人员密集复杂，需要在校内宿舍的走廊、楼厅等处装有摄像和其他报警传感探头，进行 24 小时不间断地监控；当学生及教职工离开住处、教室和办公室后，在无人情况下各监控点若发生入侵事件，应该能够实现快速远程报警，通过网络将警情上传至监控中心，并自动录像，便于及时采取措施，方便取证。

VIDSEC 无灾盗是网络安防技术针对平安校园的解决方案。南京视威电子科技股份有限公司针对校园安防的特点，开发出"VIDSEC 无灾盗"校园网络化安防方案。该系统可利用已有的校园宽带网络传送图像监控信息，不需要大规模的施工，不必限制在监控中心监看，大大节约造价，而且能够把安防监控和可视化校园管理推送到所需要的任何办公地点，便于实现学校和教育主管部门的分级管理，以及和公安部门的安防联动。在已经安装有传统的安防系统的校园，如果对原有的安防系统进行网络升级改造，只需选用该公司的 4 路或 8 路网络视频编解码服务器即可实现在校园网内多个办公室进行监看和获得报警信息的功能。如果有需要，可通过外部网络，使教育主管部门远程登录，查看到校内的情况，便捷、简单，而造价不过数万元。

在一些暂时难以施工布线的监控点，可以安装"VIDSEC"品牌的具有 WiFi 无线局域网功能和 24 小时连续录像的网络监控设备、具有 3G 无线宽带的网络监控设备以及具有无线传感器（烟感、温度、红外等）联动报警的网络监控设备。在教室、实验室、学生宿舍楼道、围栏等处可以安装具有视音频功能的和具有无线传感器（烟感、温度、红外等）联动报警的有线网络监控设备。

相比传统安防产品大规模地铺设线缆的工程和动辄上百万的价格，南京视威电子科技股份有限公司的"VIDSEC"网络智能安防产品能够更好地实现校园安防的要求，升级扩容非常容易，价格比较低廉，更容易被校方接受。由于可采用有线宽带、无线 3G、无线 GSM/GPRS、无线 WiFi 等多种传输方式，使得远程查看及报警信息的传输变得多样化；产品种类多样，每台设备更可以绑定多达 31 个无线报警传感器，不仅能够满足校园的安防需求，同时也满足了远程管理和远程教学的需求，可谓一系统多用，真正的经济、实用。目前该公司的产品已在江苏省内多家高校获得应用。

预防校园暴力要根治暴力文化

"一些十四五岁的初中女生，因'跟哪个男生好'的问题，聚在 KTV 包房内，对两名女生拳打脚踢泼啤酒……"这是 9 月 14 日发生在济南的一起校园暴力事件；"因为争风吃醋，一名高中男生捅伤外校的另一名男生，事后两人竟站在路边交谈了 10 多分钟……"这是 9 月 26 日时报报道的又一起校园暴力事件。频发的暴力事件令人瞠目，叫人痛心。

为了防止暴力事件的发生，各区公安机关都加大了管理力度，学校也加强了教育，但为何触目惊心的校园暴力事件还是频频发生呢？

其实仔细看看我们接触的文化，就不难发现校园暴力是暴力文化泛滥的结果。当下影视、网络暴力镜头随处可见，据一项数据显示，我国目前市场上的网络游戏 95% 是以刺激、暴力和打斗为主要内容，而上网人群中 50% 以上是青少年。长期生活在这种环境下的中小学生，很容易角色错位，这也间接地培养了他们崇尚暴力的思想和以暴力行事的为人处世风格。

作为学校和家长，应当多关爱孩子，多与他们交流，让孩子了解生命的意义和珍贵，培养他们有一颗敬畏生命的心，把珍爱生命尊重别人作为最重要的人生信条，还要培养孩子的自我保护意识和能力。

暴力文化不治，校园暴力难止。面对无孔不入的暴力文化，笔者呼吁相关部门尽快净化文化市场，尽快在孩子与暴力之间架起一道"防火墙"。纯净的校园成为暴力"江湖"，过错不仅仅在暴力事件制造者本身，社会、家庭、学校都应该承担一定的责任。只有大家共同努力，才能为孩子创造良好的成长环境，才能早日还校园一片净土。

"防暴"成校园安全教育主题

随着全国一系列校园侵入和暴力事件的发生，校园安保工作不断升级。家长、老师、警察正携手拉起一张保护孩子的安全网。而身处"网中央"的年幼孩子，则在一个已经像保险箱般坚固的学校里，学习着重要一课：一旦有歹徒入侵，最勇敢的行为不是反抗，而是胜利大逃亡。

比起人防、技防，让没有反抗能力的孩子学会逃生，增强自我防范能力，或许是提升校园安全指数的又一治本之举。只是，防暴课程在教学上难度不小。

2010年5月上旬，上海市长宁区淞虹路小学二年级的一个班级里，安静有序的课堂突然被一名歹徒打乱。

手持一把菜刀，一名年轻男子推开教室门，迈步走向正站在讲台前上课的班主任蔡老师。而与歹徒对峙的蔡老师，抗争行为仅停留于打太极拳般的比划，这是一场学校安排的防暴演习。

由于没有事先告知学生，骚乱还是发生了。不明就里的孩子们表现出各种应激反应：有的发出尖叫声，有的钻到课桌下，还有的学生冲出教室，一路飞跑，有的一直跑到学校的操场中央才敢喘口气。一个名叫小远的小胖墩，眼见着歹徒要伤害自己的老师，径直冲上去，一把抱住了歹徒的大腿。

发现小远誓死抵抗，两三个本来已经从教室后门逃跑的男同学，也重新折回教室，给小胖墩以最后支援；有个小男孩一把抓起课桌上的铅笔盒，向持刀的歹徒扔去，然后一溜烟地跑开了。

在很多班级开展防暴演习时，都会出现几个像小远这样的小朋友。邱佳耀，是演习中歹徒的扮演者。他的真正身份，是上海长宁区新泾镇派出所民警、淞虹路小学的校外辅导员。针对眼下校园屡遭暴力侵犯的情况，邱佳耀接到上级指令，要通过防暴培训，让学校师生们掌握应对突发校园暴力事件的要领。那些在演习中表现勇敢的孩子，就是他要重点辅导的对象。一旦遇到险情，孩子与歹徒抗争或者留守教室的行为，都是很危险的。

除了小学，幼儿园也被列入校园防暴安全教育覆盖的范围之内。孩子更小，认知和理解能力有限，需要顾虑的情况更多，教学也就更难。

有一次上安全教育课，歹徒冲进教室时，孩子们没什么反应。可当穿着制服的警察冲进来时，有的孩子却哇哇大哭起来。因为很多父母平时教育小孩时都会说，再不听话就要被警察叔叔抓走。这回，警察叔叔真的来了！一位幼儿园老师至今仍然记得发生在课堂上的一幕。

一道道有形的、无形的安全保护墙，正以从未有过的速度，从幼儿园一路铺设至小学。适时推进的校园防暴安全培训，只是整个校园安保系统中的冰山一角。

4月下旬以来，接送5岁的女儿末末去幼儿园，李女士明显感到，幼儿园的门卫制度严多了。往常，幼儿园的边门总是虚掩着，要是接孩子去早了，不少家长还能扎堆在传达室，和保安攀谈几句。而现在，幼儿园由铁将军把门大门紧闭不说，边门上也挂了一把醒目的大锁。

校园里的隐形围墙，也在悄悄加固；学校保安的装备，多了警棍

192

和防割手套；校园的一些角落，增加了摄像头；早晨在校门口值勤的护校老师，数量翻了一倍。学校走廊上，戴着红袖章的老师巡逻得更勤了。有些学校还规定，护校巡逻的工作有一定危险性，必须由男老师来担任，这让一些原本就男老师稀缺的小学，不得不到附近的中学引进外援。

学校之外，一支支护校大军也在迅速集结。在杨浦和闵行等区，每一所幼儿园和小学都配备了护校民警，在上、下学高峰时段站岗。在黄浦区，教育局和黄浦警方已经商定，继续扩大校园的安保力量，在原有基础上增加50名保安，同时组织一批社区的平安志愿者，在上学和放学时段值守校门。

家长们也开始积极行动，自发加入到保护孩子的护校队伍中。中原路小学和开鲁路幼儿园分别成立了由20多位家长组成的护校队，每天4人轮流上岗。而杨浦区的一些大学也向大学生们发出倡议，号召大家利用平时的休息时间，到大学附近的小学和幼儿园站岗，当民警的眼线，协助民警开展工作。

遇到紧急突发情况，见义勇为并不是正确地应对之法，年幼的孩子正被灌以不同于上几代人的全新理念。

随着防暴成为近期校园安全教育的主题，尚在读幼儿园和小学的孩子们，迎来了一次提升生存技能的契机。

过去我们总是提倡见义勇为，宣传好少年为挽救他人而牺牲自己的英雄故事，但眼下的安全教育，要教会学生的是见智勇为。上海社科院青少所所长杨雄说，进驻幼儿园和小学的防暴安全课程，不仅是形势所迫，而且也是一种必需；它有助于孩子们懂得生命的可贵，理解真正的勇敢。

在北新泾第三幼儿园，正在操场上做游戏的孩子们，不知不觉地被引入一场安全演习之中。一名拿着长棍的蒙面歹徒翻过围墙，悄悄靠近。发现险情后，一名老师立刻张开双臂，呼唤孩子们向自己靠拢，然后一路小跑进教室，锁紧房门。遇到险情必须向老师靠拢，听老师指挥。园长李伊雯说，这就是幼儿园孩子在经过训练后必须掌握的生存本领。

而到了小学，同样是上安全教育课，教学要求就明显提高了一个梯度。在淞虹路小学的课堂上，针对防暴演习中孩子表现出的不同举止和反应，邱佳耀一一解析。歹徒走向老师，同学应该如何反应？蛮干并不是勇敢的表现，最勇敢的同学应该临危不乱，不仅要自己安全撤离教室，还要向隔壁班的老师通风报信，让老师处理危急情况，也要让隔壁班的同学有时间撤离。

校园中看到的是保安挥舞着钢叉，接受的是不许和陌生人说话的教育，人们在稍感放心的同时也不禁担心，儿童在这样的环境下成长，能养成健康阳光的心理与品格吗？

不准和陌生人讲话，不许让陌生人靠近，不能跟陌生人去任何地方。打从女儿末末记事起，"三不"原则就成了李女士对孩子进行安全教育的核心。

课堂上，很多孩子同样接受着远离陌生人的教育。我们的小朋友都很有安全防范意识，只有自己父母来接，孩子才会走；换成是别人，比如自己好朋友的父母或者爷爷奶奶，一概不会跟着走。沪上一位幼儿园园长，对近期强化安全培训的教学成果感到很满意。

然而在杨雄看来，这类隔离险情的安全教育并非没有问题。儿童长期接受这种教育，将不可避免地造成对他人的疏离、怀疑，这不利于儿童性格的养成，也不利于营造文明、友善的社会大环境。但杨雄也坦率承认，让孩子远离陌生人，这是一种基于社会转型期、社会矛盾多发的时代背景下的无奈的教育。

儿子在操场看到保安挥舞钢叉，回家后讲得眉飞色舞，还说长大了也要拿起钢叉打坏人。眼下，校园由警察站岗，保安会舞叉弄棒，在安全措施下，部分家长感到一丝隐忧：这是否会引发孩子的暴力倾向？有家长建议，学校安保工程可否尽量褪去崇武成分。

建立校园安保措施的长效机制，要推进人防、群防、技防的三结合。在欧美发达国家，一些由信息技术发展而造就的新式技防设备已投入运用。不仅学校的各个角落都能通过摄像头予以监控，而且一些学生使用的电子书包也配有报警呼救系统。

而在日本、中国台湾等地，由志愿者们组成的妈妈护校队，正成为一支重要的安保力量。杨雄建议，考虑到警力有限，民警守护学校终不是长久之计，今后不妨让活跃在社区的志愿者发挥作用，配以商业保安驻校和民警巡逻，由此可以在学校周边形成一张群防大网，提高校园的安保系数。

预防校园暴力要沟通

3月21日，发生在明尼苏达州校园的枪击血案再次震动了美国。一些预防校园暴力专家指出，对校园安全的松懈及与学生沟通的缺失是美国一再发生校园枪击案的根本原因。

据美国国家校园安全与安全服务机构主席肯尼思·特鲁普介绍，本学年，全美国已经有29人直接或间接地死于校园暴力。去年的这个数字为49人，是近几年来最高的，甚至超过了发生科伦拜恩枪击案的

1999 年。美国政府的统计数字显示，在 1992 年至 2002 年间，美国发生的校园暴力事件已经有所减少，但批评者认为报告的数字不能反映真实情况，从更广泛的意义上讲，这个数字也没有达到学校安全专家的最高要求，即：改变现有校园文化。

美国预防校园暴力专家 22 日指出，1999 年科伦拜恩枪击案发生后，全美掀起了一股加强校园安全的浪潮。各学校都改善了校园安全措施，主要包括：对进入校园进行限制、增加学校保安人数、制定紧急情况应对计划、增加学校的电话和无线电通信装置等。但近几年，由于持续未发生大的校园枪击案，公众的安全意识有所松懈，而经费削减又影响了教职员工的安全培训。特鲁普说：“我们几乎对全国所有学校都进行了安全评估，发现教职员工们的安全意识普遍下降，应急机制也有问题，在发生紧急情况时，那些有缺陷的应急计划根本没用。”全美学校资源事务官联合会常务董事克特·拉瓦雷洛认为资金也是个问题，教育经费的削减迫使学校解雇受过训练、经验丰富的保安，从而失掉了很多将暴力事件消灭于萌芽中的机会。

比尔·邦德目前是美国中小学校预防暴力事件的国家顾问，他原是肯塔基州西部一所中学的教师。1997 年，他所在的学校发生了校园枪击案：一名新生开枪对 8 名学生射击，其中 3 人不幸身亡。血的教训使邦德从此致力于预防校园枪击案的发生。邦德指出：“人们总想用金属探测器、保安及诸如此类的安全措施预防校园暴力案件的发生，但真正能够阻止学校不再发生暴力事件的是和孩子们一起努力，并使教育适合孩子们的需要。”“这种情况与恐怖分子的情况一样，当一个人心怀极度愤恨的时候，他就会不在乎死亡。如果一个人不在乎死亡的话，也就没有什么能对他们产生威慑了。”邦德认为：“杜绝校园枪击案不是用钱就可以解决的问题，而是必须用勇气解决的问题。”

　　在北卡罗来纳州罗利的预防学校暴力中心校园安全专家威廉·拉希特说，科伦拜恩枪击案让人们更多地注重了身体的安全，"但我们缺失的一点是，我们需要让学生们感到他们与自己居住的社区和就读学校有联系，我们得弄清楚，他们至少应该有一个可以信赖的成年人。"

　　科伦拜恩枪击案后，美国全国教育协会曾拍摄了一部片子，旨在帮助全美各学校的教职员工和学生认识到潜在的暴力迹象。这部片子指出，忽略和恐惧是导致憎恨和悲剧的根源。该协会负责健康和安全事务的官员杰拉尔德·纽伯里强调："我们的目的就是阻断这一通向邪恶的链条。"